NHK
趣味の園芸

12か月
栽培ナビ

アジサイ

川原田邦彦
Kawarada Kunihiko

12か月
栽培ナビ
Hydrangea

目次
Contents

本書の使い方 …………………………………… 4

アジサイの魅力と豊富な品種　　5

長く愛されてきたアジサイ ……………………… 6
アジサイは花色が変わる ………………………… 8
アジサイの楽しみ方 ……………………………… 12
育ててみたいアジサイ …………………………… 16
アジサイの年間の作業・管理暦 ………………… 40
アジサイの花のつくりと名称 …………………… 42

Column
ガク型と手まり型 …… 7 　　まだある色の変化のいろいろ …… 11
和庭に合うアジサイ …… 15 　　タネからふやそう …… 52
花の終わりの見極め方 …… 58 　　植えつけまでの管理 …… 62
幻の緑花のアジサイ …… 64 　　ヒメアジサイを見に行こう …… 65
ツルアジサイ、イワガラミを育てよう …… 72
シーボルトのアジサイ …… 74 　　アジサイと矮化剤 …… 85

12か月栽培ナビ …………………… 43

- **1月** 剪定／植えつけ、植え替え、株分け／
  防寒／さし木 ……………………………… 44
- **2月** 剪定／植えつけ、植え替え、株分け／
  防寒／さし木 ……………………………… 46
- **3月** 剪定／植えつけ、植え替え、株分け／
  防寒／さし木 ……………………………… 48
- **4月** とり木 ……………………………………… 54
- **5月** 剪定／植えつけ、植え替え／さし木／とり木 …… 56
- **6月** 花後の剪定／植えつけ、植え替え／
  さし木／とり木 …………………………… 60
- **7月** 剪定／植え替え／さし木／とり木 …… 66
- **8月** 剪定／植え替え／とり木 ……………… 68
- **9月** 剪定／植えつけ、植え替え／さし木／とり木 …… 70
- **10月** 植えつけ、植え替え ……………………… 74
- **11月** 剪定／植えつけ、植え替え、株分け／防寒 …… 76
- **12月** 剪定／植えつけ、植え替え、株分け／防寒 …… 80

アジサイ栽培の基本　　　　　　　82

- 株の上手な選び方 ……………………………………… 82
- 用土、肥料、鉢の選び方 ……………………………… 83
- 入手したら花後に植え替えよう ……………………… 84
- 剪定のポイント ………………………………………… 86

よくある疑問に答えるQ&A ……………………… 88

訪ねてみたいアジサイの名所 …………………… 94

本書の使い方

ナビちゃん
毎月の栽培方法を紹介してくれる「12か月栽培ナビシリーズ」のナビゲーター。どんな植物でもうまく紹介できるか、じつは少し緊張気味。

本書はアジサイの栽培にあたって、1月から12月に分けて、月ごとの作業や管理を詳しく解説しています。また、主な種類・品種の解説や病害虫の防除法などを、わかりやすく紹介しています。

* 「育ててみたいアジサイ」

(16～39ページ) では、アジサイの主な系統と代表的な品種、栽培の際に知っておきたいポイントなどを紹介しています。

* 「12か月栽培ナビ」

(43～81ページ) では、月ごとの主な作業と管理を、初心者でも必ず行ってほしい 基本 と、中・上級者で余裕があれば挑戦したい トライ の2段階に分けて解説しています。主な作業の手順は、適期の月に掲載しています。

今月の作業をリストアップ

初心者でも必ず行ってほしい作業

中・上級者で余裕があれば挑戦したい作業

今月の管理の要点をリストアップ

* 「アジサイ栽培の基本」

(82～87ページ) では、アジサイの基本的な栽培方法について解説しています。

* 「よくある疑問に答える Q&A」

(88～93ページ) では、よくある栽培上の質問に答えています。

- 本書は関東地方以西を基準にして説明しています。地域や気候により、生育状態や開花期、作業適期などは異なります。また、水やりや肥料の分量などはあくまで目安です。植物の状態を見て加減してください。
- 種苗法により、種苗登録された品種については譲渡・販売目的での無断増殖は禁止されています。また、品種によっては、自家用であっても譲渡や増殖が禁止されており、販売会社と契約書を交わす必要があります。さし木などの栄養繁殖を行う場合は事前によく確認しましょう。

アジサイの魅力と豊富な品種

花型・花色が豊富で育てやすいアジサイ。その楽しみ方のコツと、育ててみたい品種を紹介します。

長く愛されてきたアジサイ

日本の四季を彩る花

アジサイというと、まず思い浮かべるのは梅雨の庭に咲く丸い手まり状の花でしょう。花色は青や紫、白、ピンク、そして赤とさまざまです。なかには手まり型ではなく、縁にだけ大きな花が咲くガクアジサイのほうがアジサイらしいという方もいるかもしれません。

アジサイは庭植えや鉢植えで栽培され、日本人に親しまれてきた花木です。同時に、数多くの種類が日本に自生し、日本の四季を語るうえで欠かせない植物になっています。

分類学上の位置

長らくユキノシタ科アジサイ属の落葉低木(*1)とされてきましたが、最近ではアジサイ科アジサイ属とする学者がふえてきました。この分類は1829年にベルギーの植物学者デュモルチェによって提唱され、1980年代に入って広く認められるようになったものです。現在では、草本性の植物をユキノシタ科、木本性の植物をアジサイ科に分類することが多くなっています。

また、1990年代になって登場してきた遺伝子の解析を重視するAPG体系という最新の分類でも、アジサイ科アジサイ属としています。

日本には14種類が自生

アジサイ属（Hydrangea）は約75種が知られ、日本、東南アジア、インド、北アメリカなどに分布しています。このうち日本に自生するのは、ガクアジサイ、ヤマアジサイなど14種類です（39ページ参照）。なかでもガクアジサイやタマアジサイは日本特産の植物で、奈良時代にはすでに栽培されていたと考えられています。

よく栽培されるのは4系統

日本で栽培されているアジサイは、4つの系統に分けることができます。

1　ガクアジサイ（アジサイ）

庭植えや鉢植えで最も広く栽培されている系統です。アジサイの基本種（Hydrangea macrophylla var. normalis）は、花がガク型のガクアジサイ。花が手まり型のアジサイは、ガクアジサイの両性花が装飾花だけになった変種(*2)で、ほかと区別する意味でホンアジサイ（H. macrophylla var. macrophylla）と呼ぶこともあります。ガクアジサイは関東地方、伊豆七島、

小笠原諸島、東海地方、四国（足摺岬）、九州（南部）の沿岸部に自生しています。

2　ヤマアジサイ

愛好家の間で人気の高い系統です。樹高60〜100cmの落葉小低木で、花はガク型のほか、手まり型もあります。葉はガクアジサイに比べて長楕円形で薄く光沢がなく、枝も細いのが特徴。北海道から九州まで広く分布し、山地の林床、谷間などに生えています。

3　園芸品種

5月第2日曜日の「母の日」のプレゼント用鉢花として多く出回っています。そのほとんどは日本のアジサイをもとに品種改良したものです。性質はアジサイとほとんど変わりません。

4　外国種のアジサイ

洋風の庭づくりに広く利用されています。北米原産のカシワバアジサイのなかでも一重咲きの'スノークイーン'、八重咲きの'スノーフレーク'が代表的な品種です。またアメリカアジサイ'アナベル'は、手まり型の白い大きな花が人気です。

＊1　例外としては、常緑性のヤエヤマコンテリギがある。
＊2　変種（variety=var.）は亜種（subspecies=subsp.）の下位の階級。変種の下位の品種（form=f.）とする場合もある。

Column

ガク型と手まり型

アジサイはほとんどがガク型（ガク咲き）と手まり型（手まり咲き）に分けられます。ガク型が基本種で、両性花が中心部にあり、外側に装飾花（中性花）があります。装飾花を「ガク」と呼びます。両性花は大きな花びらがなく、雄しべ、雌しべからなり、タネができます。手まり型のアジサイは装飾花のみか、装飾花の間に隠れて両性花があまり見えません。

手まり型

装飾花

ガク型

装飾花

両性花

アジサイは花色が変わる

酸度と色の関係

アジサイは多くの種類で、土壌が酸性なら青色に、アルカリ性ならピンクから紅色に色が変化することが知られています。

アジサイの花の細胞に含まれているアントシアニンという色素は本来赤みを帯びています。この色素に元素のアルミニウムが結合すると青みを帯びることになります。酸性土壌では土中のアルミニウムが水に溶けて、植物に吸収されやすく、花の細胞内のアントシアニンと結合して、花色が青になります。

逆にアルカリ性の土壌では土中のアルミニウムが水に溶けにくく、植物にはあまり吸収されません。したがって、アントシアニンの本来の色が出て、ピンクから紅色になります。

花色はコントロールできる？

日本のアジサイは青色の系統が多く、アジサイがヨーロッパに渡って生

土壌酸度による花色の変化

ヤマアジサイ'黒姫'

酸性

アルカリ性

アジサイ'城ヶ崎'

酸性

アルカリ性

コンクリートやブロック塀の際に植えられたアジサイは、セメントの材料である石灰岩の影響で土壌がアルカリ性になり、花色がピンク色や紅色に変化しやすい。

まれた改良種は紅色の系統が多いのが特徴です。これは日本の土壌が弱酸性から酸性なのに対して、ヨーロッパの土壌が弱アルカリ性であることと関係しているといえるでしょう。

では、土壌酸度をコントロールすることで、アジサイを思いどおりの花色に咲かせることはできるのでしょうか。

まず、土壌をアルカリ性にするには、苦土石灰や消石灰などの石灰資材を施して、よく混ぜる方法があります。しかし、庭でこれを行っても、雨の多い日本では土中の石灰（カルシウム）や苦土（マグネシウム）などが徐々に溶けて、水とともに流れてしまい、なかなか思いどおりにはなりません。

一方、鉢植えは用土の量が限られ、水やりも調整できるため、土壌酸度をコントロールしやすいといえます。10ページのように、咲かせたい花色に合わせて用土を替えます。ただし、品種によって効果にはばらつきがあり、例えば、中性のpH7.0でも淡いピンク色にしかならない品種もあります。

庭植え、鉢植えともに花色をコントロールするのはなかなか難しいのが現状です。

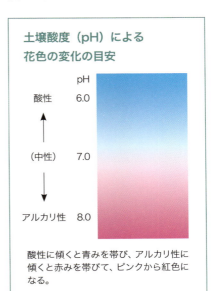

土壌酸度（pH）による花色の変化の目安

	pH
酸性	6.0
（中性）	7.0
アルカリ性	8.0

酸性に傾くと青みを帯び、アルカリ性に傾くと赤みを帯びて、ピンクから紅色になる。

アジサイは花色が変わる

鉢植えの酸度を調整してみよう

1　青い花を咲かせる

　酸性の用土を用い、リン酸分の少ない肥料で栽培します。

●**用土　赤玉土小粒4、ピートモス4、バーミキュライト2の配合土**

　肥料はカリ分の多い肥料がよく、例えば油かすだけの完熟肥料などを施します。リン酸分が多く含まれた肥料を施さないように気をつけます。発酵油かすの固形肥料にはリン酸分を多く含む骨粉が含まれているので使用しません。

2　ピンクから紅色の花を咲かせる

　中性から弱アルカリ性の用土を用い、リン酸分の多い肥料を施します。

●**用土　赤玉土小粒4、腐葉土4、バーミキュライト2の配合土**

　肥料はチッ素分とリン酸分の多い肥料を施します。骨粉や魚粉を混ぜた発酵油かすの固形肥料などがよいでしょう。硫酸カリなどカリ分の多い肥料は避けます。

　なお、アジサイの青花用、紅（赤）花用の肥料も市販されています（83ページ参照）。

3　薬剤や石灰資材を用いる方法

　新しい用土に植え替えず、薬剤や石灰資材を用いて、酸度を調整する方法です。以下のどちらの方法も過剰に施すと根を傷めるおそれがあるので注意します。

　青い花を咲かせるには、硫酸アルミニウムの500〜1000倍液をアジサイが開花する前の4〜5月に株元に施します。20日おきに2〜3回が目安です。

　紅色やピンク色の花を咲かせるには、4〜5月に苦土石灰を5号鉢で一握り程度、根元に施します。

庭植えの酸度を調整してみよう

　市販の土壌酸度測定キットを使って、庭土の酸度を測定してみましょう。そのうえで、土壌を酸性に傾けて青い花にしたい場合は青花用肥料や硫安など酸性肥料を、アルカリ性に傾けて紅色の花にしたい場合は紅（赤）花用肥料のほか、苦土石灰を萌芽前と開花期前の5月ごろ、1株当たり一握りずつ施します。

　ただし、雨の多い日本では土壌が酸性に傾きやすく、庭植えの酸度はなかなか思うように調整できないでしょう。

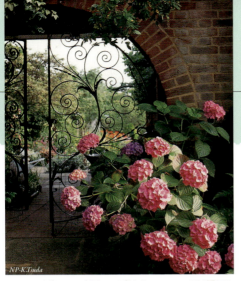

イギリスの庭園のアジサイ。ヨーロッパは弱アルカリ性の土壌が多く、花色がピンクから紅色になりやすい。

まだある色の変化のいろいろ

　アジサイは花の咲き始めと咲き終わりで色が変わり、それが観賞上の大きな楽しみにもなっています。咲き始めは緑白色で、だんだんと品種独自の色に変わり、花の終わりが近づくにつれて緑色になり、最後には赤色や紫色になります。この変化は土壌酸度とは関係ありません。

　白花のアジサイは土壌酸度が変わっても花色は変化しません。しかし、花の終わりかけは酸性では若干青みがかり、アルカリ性では赤みがかることがあります。

　このように発色のメカニズムは複雑で品種の違いも大きく、土壌酸度以外のさまざまな条件でも花色は変わるため、その全容は解明されていません。

日照量と色の変化
ヤマアジサイ'クレナイ'のような赤色のアジサイは日照が強いと鮮明な赤に（左）、日陰では白くなる（右）。まったく別種のように見える。土壌酸度では花色は変化しない。

庭土や用土の土壌酸度を測る

　庭土や用土の酸度は市販の土壌酸度測定キットで手軽に測定することができます。庭土や用土の上澄み液にpH試験紙を入れるもの、試薬を使うものなどがあります。どちらも酸度の対照表と色を比較して酸度を調べます。

上澄み液に試験紙を浸して色を比べて酸度を調べるキット。

庭土を水に溶かし、試薬を加えて色の変化で酸度を調べるキット。

アジサイの楽しみ方

世界で最も愛されている花木

　世界で花木として一番生産量が多いのはアジサイだと聞くと驚く方もいるかもしれません。日本では5月初旬の母の日が近づくと、園芸店の店頭には色とりどりのアジサイの鉢花が飾られて、最も人気のある花の贈り物になっています。世界的にも人気が高く、鉢植えだけでなく、ガーデニングに欠かせない花木として愛されています。

アジサイ栽培の魅力

1　花の多様さ

　花形にはガク型と手まり型があり、花色も青、紫、ピンク、赤、白、緑と豊富です。アジサイの花の名所に植栽され、よく見慣れたアジサイ、ガクアジサイから、小ぶりで繊細なイメージのヤマアジサイ、さらにはアメリカアジサイ、カシワバアジサイといった西洋種のアジサイまであり、鉢植えから庭植えまで、それぞれの個性を生かして楽しむことができます。

2　コンパクトに育つ

　アジサイは小低木で、樹高があまり高くならず、庭に植えても比較的コンパクトな姿で楽しめます。限られたスペースでも、好みの種類を集めて育てることも、また、ほかの植物と組み合わせて庭づくりをすることもできます。

3　栽培が容易

　ガクアジサイ、ヤマアジサイなど、アジサイの多くの種類が日本に自生しています。それをもとに品種改良された園芸品種ももともとのアジサイの性質を受け継いでいるため、日本での栽培は容易です。いくつかの栽培のポイントを押さえれば健康によく育ち、毎年花を楽しませてくれます。

洋風の庭づくりにも役立つ。ポージィブーケシリーズ'スージィ'（右）、'グリーン・シャドウ'（左）。

開花を迎えた鉢植えはベランダやテラス、デッキなど、身近な場所で楽しむ。アジサイは日陰で育つイメージがあるが、日なたのほうが健全に育つ。

アジサイ'ダンス・パーティ・ハッピー'。プレゼントなどでもらった鉢花は根鉢をくずさず、すぐさま一～二回り大きいテラコッタ鉢やプラスチック鉢に植え替えると雰囲気も一新。生育もよくなる。

ガク型のアジサイの向こうに咲くのは手まり型。花の咲き方や色が異なる種類を混植すると互いの花が個性を引き立て合う。

ガクウツギ'斑入り'（右奥）の寄せ植え。アジサイの仲間には斑入り品種やカラーリーフもあり、花が咲かない時期も楽しめる。

大株に育ったアジサイ。芝生の緑とも相性がよい。小低木なので目線よりも高くならず、花が観賞しやすい。

ヤマアジサイの花壇。'舞妓''アマチャ''七段花''清澄''白扇''白鳥'エゾアジサイ'四季咲きヒメ'など。フウチソウ、アベリア、アスチルベ、ワレモコウ、ヘデラなどと混植している。

Column

和庭に合うアジサイ

　石灯籠とオモトのある坪庭などには小型のヤマアジサイがよく似合います。ガク咲きで特に小型の品種としては'九重山''静香''剣の舞''富士の滝''桃色沢''緑衣'などがあります。次いで、小さな品種には'アマチャ''クレナイ''黒姫''七段花''東雲''深山八重紫'などがあります。手まり咲きでは、'白舞妓''白扇''羽衣の舞''舞妓'が特に小型で、'伊予獅子てまり''新宮てまり''別子てまり'などが続きます。

ヤマアジサイ'舞妓'の小鉢植え。花後の緑枝ざしで育てたもの。充実した枝を穂木に使うと翌年に小さな株で開花する。

　また、コガクウツギ、ガクウツギは樹形がユキヤナギのように枝垂れるので、おもしろい使い方ができます。

育ててみたいアジサイ
日本のアジサイ

ガクアジサイ、アジサイの系統

　ガクアジサイ（*H. macrophylla* var. *normalis*）はアジサイの基本種で、関東地方、伊豆七島、小笠原諸島、東海地方、四国（足摺岬）、九州（南部）などの沿岸部に分布しています。ガクアジサイの名前は花の周囲に額縁のように装飾花がつくことからといわれています。両性花も装飾花（中性花）も青紫色で葉に照り（光沢）があります。

　手まり型のアジサイはガクアジサイの両性花が装飾花になり、丸い花形になったもので、ガクアジサイの変種として位置づけられています。

↑**アジサイ（ホンアジサイ）**
H. macrophylla var. *macrophylla*

ホンアジサイというアジサイはないが、区別するためにそう呼ぶことがある。装飾花は青色で大型。シーボルトの逸話でも有名（74ページ参照）。

↓**ガクアジサイ**
H. macrophylla var. *normalis*

アジサイの基本種。写真は白花。

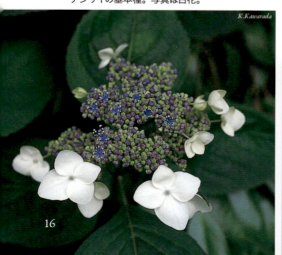

↓**'城ヶ崎'**
H. macrophylla var. *normalis* 'Jogasaki'

両性花も装飾花も薄青色。装飾花は八重。東伊豆・城ヶ崎付近で発見された自生種。多くの交配親にもなっている。

↑ 'トーマス・ホッグ'
H. macrophylla var. *macrophylla* 'Thomas Hogg'

古くから知られる日本の品種で、装飾花は白。花が咲き進むにつれ、青に変化するが、日当たりでは赤になるので、大株になると3色が同時に楽しめる。名前の由来はイギリス人トーマス・ホッグ氏が栽培していたことにちなむ。

↑ '石化八重'
H. macrophylla var. *macrophylla* f. *domotoi*

装飾花が八重になるが、ならないものも多い。青紫色。茎が石化して広がることもある。'十二単（じゅうにひとえ）'の名でも出回ることもある。

↓ 'ナデシコ咲き'
H. macrophylla var. *macrophylla* 'Nadeshikozaki'

装飾花は青紫色で、花弁（萼片）の縁にナデシコのような鋸歯がある。大型の古い品種。

↓ 'ウズ'
H. macrophylla var. *macrophylla* f. *Concavosepala*

装飾花の花弁（萼片）が内側に巻き込む独特の品種。薄青色であるが、中性土壌でピンク色に咲かせたものは「梅色咲き」と呼ばれる。古い品種。

ヤマアジサイの系統

ヤマアジサイ（H. serrata）は関東地方以西の本州、四国、九州の太平洋側、朝鮮半島に分布し、山地の林床、谷間などに広く自生しています。樹高60〜100cm程度の落葉小低木で、花はガク型のほか、手まり型もあります。長楕円形の葉でガクアジサイよりも小型で薄く、光沢がありません。枝も細く、繊細な雰囲気です。関東地方に自生するものは白花が多く、西日本では濃青色の花が多い傾向があります。

ヤマアジサイの寄せ植え。'綾子舞''剣の舞''白富士''八重アマチャ''クレナイ'。

↑ **'黒姫'** *H. serrata* 'Kurohime'

ガク咲きで両性花は青紫色、装飾花は濃紫色で濃く美しい。奈良県の万葉植物園に植えられていたもの。ヤマアジサイ人気の先駆けになったものの一つ。

↑ **'アマチャ'**
H. serrata 'Amacha'

ガク咲きで両性花も装飾花も青紫色。葉に甘みがあり、乾燥させて甘茶をつくる。漢方薬としても有名。

↓ **'クレナイ'** *H. serrata* 'Kurenai'

両性花は白、装飾花は真っ赤。花弁（萼片）がアジサイ中で一番赤い品種。なお、日陰では赤くならない。ヤマアジサイ人気の先駆けになった品種の一つ。

↑ '伊予獅子てまり'
H. serrata 'Iyoshishitemari'

手まり咲きで薄ピンク色。全体に小ぶりだが花が重なるようにつくのでボリュームがある。

↑ 'ベニガク'
H. serrata f. *japonica*
=*H. serrata* 'Beni-gaku'

大型。江戸時代から知られる。両性花が青の'マルベンベニガク'も知られる。

↑ '深山八重紫'
H. serrata 'Miyamayaemurasaki'

ガク咲きで両性花も装飾花も濃紫色。花は大きい。ヤマアジサイ人気の先駆けになった品種の一つ。

↑ '舞妓'
H.serrata f. *belladonna*
=*H. serrata* 'Maiko'

手まり咲きで薄青色。京都の醍醐山で発見された種が本物だが、現存しない。現在、出回っているのは三重大学演習林で再発見されたもの。

↓ '紫紅梅' *H. serrata* 'Shikoubai'

丸弁の花弁が内側に巻き込み、濃い青と紫色の複色の装飾花がよく目立つ。

↓ '花まつり'
H. serrata 'Hanamatsuri'

ガク咲きで両性花は白、装飾花は澄んだ赤。'クレナイ'より立ち性で大型。'アマチャ'の赤花。

↑ '**白扇**' H. serrata 'Hakusen'

手まり咲きで白色。小輪で美しい。

↑ '**花吹雪**' H. serrata 'Hanafubuki'

淡い紫色の手まり咲きで花弁に鋸歯がある。大型の品種。

↑ '**緑衣**' H. serrata 'Ryokui'

ガク咲きで両性花は白色、装飾花は黄緑色。アジサイの緑花（花の老化による緑色の変化は除く）は病気だが、本品種は病気ではない（64ページ参照）。

↑ '**七段花**'
H.serrata f. prolifera
=H. serrata 'Shichidanka'

シーボルトの『日本植物誌』、文化2年の『四季賞花集』『本草図譜』にも記載がある。日本では一時絶滅したとされていた。昭和34年、神戸市の六甲山の山中で荒木慶治氏により再発見され、話題になった。江戸時代のものとは葉が異なる。

↓ '**秋篠てまり**'
H. serrata 'Akishinotemari'

明るい紫色の手まり咲きでやや大きく、両性花が目立つ。

↓ '**富士の滝**' H. serrata 'Fujinotaki'

白の八重で手まり咲き。小型。

↑ '九重の花吹雪'
H. serrata 'Kujuunohanafubuki'

濃い青の手まり咲きだが、丸みを帯びた独特の形の花。

↑ '池の蝶' H. serrata 'Ikenochou'

装飾花が蝶が翅を広げて飛んでいるように見える独特の品種。白色。

↑ '土佐のまほろば'
H. serrata 'Tosanomahoroba'

淡い青の手まり咲きだが、花弁が細く独特なのでやさしい感じ。

↑ '伊予の十字星'
H. serrata 'Iyonojuujisei'

十字架のような装飾花で、花弁の縁の鋸歯が大きい。赤紫色。

↓ '彩' H. serrata 'Irodori'

装飾花の花弁が大きく、鋸歯がある。淡い紫色だが、日当たりのよい場所では赤紫色になり美しい。

ヤマアジサイ'美方八重'とカラーリーフ（ヒューケラ、テイカカズラの仲間）の寄せ植え。

エゾアジサイの系統

　エゾアジサイ（*H. serrata* subsp. *yezoensis*）はヤマアジサイの亜種に分類され、北海道南部、本州（東北地方〜山陰地方）の日本海側、佐渡などの山地に分布しています。花は大型で酸性土壌では瑠璃色になります。開花時期は5月下旬〜6月中旬です。葉も大型で有毛なものが多いのが特徴です。

　冬に湿潤な雪国に多いため、からっ風が吹くなど、乾燥する地域では栽培が難しい種類です。地上部が枯れてしまう品種もありますが、なかには強健で枯れにくい品種もあります。

エゾアジサイ

↑ '**濃青**'
H. serrata subsp. *yezoensis* 'Nousei'

ガク咲きで両性花は青、装飾花は濃青色。アジサイのなかで一番濃い青。アジサイ研究家の故・山本武臣氏が八甲田山の山中で発見した品種。

↑ '**ホシザキエゾ**'
H. serrata subsp. *yezoensis* 'Hoshizakiezo'

ガク咲きで両性花も装飾花も桃紫色。八重咲き。第二次世界大戦後、苗場山で発見されたが、絶滅したと思われていた。新潟県の旧・笹神村で大岡德治氏により再発見。

← '**四季咲きヒメ**'
H. serrata subsp. *yezoensis* 'Shikizakihime'

手まり咲きで装飾花は青。ヒメアジサイ（65ページ参照）の二季咲き性の品種。春から伸びた枝に花芽ができ、秋から冬にかけて開花する。6月の花数を少なくすると夏から秋もよく咲くが、小株では咲きにくい。純粋なエゾアジサイとは異なり、エゾアジサイとヤマアジサイ、アジサイの自然交雑種だと推定される。

↑ '綾'
H. serrata subsp. yezoensis 'Aya'

八重咲きの手まり型。淡いピンク色。小型。

タマアジサイの系統

タマアジサイ（H. involucrata）は東北地方から中部地方、伊豆七島に自生。遅咲きのアジサイで、蕾が丸いのが特徴です（写真右下）。栽培すると6〜8月にかけて開花し、自生地では9月まで花が残ります。両性花は紫色で、装飾花は白色です。

タマアジサイの花と蕾。

↑ '紅炎'
H. serrata subsp. yezoensis 'Benihonoo'

かなり濃い群青色の美しい品種。名前は自生地でつけられたもので、自生地では赤い花だと推測される。

↓ '越の茜'
H. serrata subsp. yezoensis 'Koshinoakane'

装飾花は小型で、濃い紅色。

↑ 'ココノエタマ'
H. involucrata f. plenissima

装飾花は緑白色から白、ときに淡いピンク、藤色を帯びる。終わりかけに緑色になる。ガク咲きで花色は地味だが、両性花がすべて八重化し複雑になったもので、小花の数は数百にもなる非常に豪華な品種。

↓ '緑花タマ' H. involucrata 'Midoribanatama'

装飾花の色が淡い緑色の清楚な品種。左写真は蕾。

その他のアジサイ

ガクウツギ　*H. scandens*

本州（関東地方南部以西）、四国、九州に分布しています。ウツギという名を持つもののアジサイの仲間で、樹形はユキヤナギのようになります。花は白いガクアジサイのようで、アジサイの仲間のなかでも5月上旬に一番早く開花します。葉はコガクウツギよりも大きいのが特徴です。長楕円形の葉は青みを帯びた光沢があるため、コンテリギの別名があります。

ガクウツギ

コガクウツギ　*H. luteovenosa*

葉が小型で一見アジサイには思えませんが、白いガクアジサイのような花序を見るとアジサイの仲間であることに気づきます。樹形はユキヤナギのように枝垂れ、優雅さを備えています。

↑'花笠' *H. luteovenosa* 'Hanagasa'

手まり咲きで装飾花は白色。八重咲きで人気がある。

↓'瀬戸の月'
H. luteovenosa 'Setonotsuki'

ガク咲きで両性花も装飾花も赤紫色。大輪。葉と対照的な花が美しく人気がある。花つきがよい。

ノリウツギ　*H. paniculata*

　北海道から屋久島、サハリン、南千島、中国、台湾に分布し、樹高3m以上の木になります。基本種はガク咲きで白花で房状。'ミナヅキ'という手まり咲き品種が有名です。海外での人気は高く、海外でつくられた品種が輸入されています。新梢に花が咲くので、2月末まで剪定が行えます。

↑'ファイヤーライト'
H. paniculata 'SMHPFL'

この仲間では最も早く色づく品種の一つ。初めは白く開花し、咲き終わりには濃赤色に変化する。ドライフラワーとしても利用できる。

↓'リトルライム'
H. paniculata 'Jane'

矮性品種。花序はやや丸く、ライムグリーンの花が、ピンク色からワイン色へと変化する。コンパクトなので寄せ植えにも利用できる。

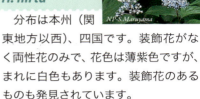

コアジサイ
H. hirta

　分布は本州（関東地方以西）、四国です。装飾花がなく両性花のみで、花色は薄紫色ですが、まれに白色もあります。装飾花のあるものも発見されています。

ヤハズアジサイ
H. sikokiana

　分布は本州（近畿地方南部）、四国、九州。大型で矢筈（やはず）状に切れ込んだ葉に特徴があります。日本固有種。

ハイドランジア・ビローサ
H. villosa

　蕾はタマアジサイのように出て、淡い紫色の花をつけます。花序、葉ともに小ぶりですが、木は大型。開花時期は遅め。中国、ネパールに分布。

園芸品種

　古くは海外で育種されたアジサイを「西洋アジサイ」と呼び、日本のアジサイと区別されていました。しかし、実際には日本のアジサイの仲間（ガクアジサイ、ヤマアジサイ、エゾアジサイなど）が欧米へ渡り、長年にわたって育種されてきたもので、基本的にガクアジサイ、ヤマアジサイなどの雑種と考えてかまいません。

　最初の育種は1900年代初頭のフランスで、次いでドイツ、さらにはオランダ、ベルギー、アメリカなどでも品種改良が続けられました。これらは大正時代から日本へ逆輸入されましたが、人気が出始めたのは30年ほど前になってからです。ガクアジサイの'城ヶ崎'、ヤマアジサイの'清澄'は自然界にあった変異品種ですが、すぐれた性質をもつため、これらを親にした改良品種が数多く登場しています。

　日本のアジサイの仲間と性質も変わらないため、現在では「西洋アジサイ」の名は使われなくなってきています。

↑'リベラバイス'
H. macrophylla var. *normalis* 'Liveravice'

ガク咲き。装飾花は丸弁で大型。白色。

↑'八丈千鳥'
H. macrophylla var. *normalis* 'Hachijou Chidori'

ガク咲き。装飾花は八重で、花弁は特に細い独特の花。白色。

↑ 'マジカル・ノブレス'
H. macrophylla var. *macrophylla* 'Magical Noblesse'

手まり咲き。初め緑色に開花した花（右）がのちに淡いピンク色になる（左）。花弁（萼片）が盃状になる抱え咲き。

↑ 'シンデレラ'
H. macrophylla var. *normalis* 'Cinderella'

ガク咲き。装飾花は八重。両性花は盛り上がるようにつき、白色で清楚な感じがする。

↑ 'ケイコ'
H. macrophylla var. *macrophylla* 'Keiko'

手まり咲き。装飾花は八重で豪華。白色で花弁の縁が紅紫色。

↑ 'ダンス・パーティ'
H. macrophylla var. *normalis* 'Dance Party'

ガク咲き。装飾花は八重で、花弁は細く、花が舞い踊るように咲く。ピンク色。人気が高い。

↑ 'レディ・イン・レッド'
H. macrophylla var. *normalis* 'Lady in Red'

ガク咲き。濃い赤の代表品種。

↑ 'ルビー・レッド'
H. macrophylla var. *macrophylla* 'Ruby Red'

手まり咲き。花弁に鋸歯があり、やや抱え咲き。紅色。

↑ 'ジャパーニュ・ミカコ'
H. 'Japanew Mikako'

白地に赤の覆輪が入る手まり咲きの人気品種。栽培しやすく、日陰にも比較的強い。ヤマアジサイとガクアジサイの交雑種。

↑'パリ'
H. macrophylla var. *macrophylla* 'Paris'

濃グリーンの蕾が開くと鮮やかな濃紅色になる装飾花の中心がピンク色。複雑な色合いの変化が楽しめる。手まり咲き。

↑'未来' *H.* 'Mirai'

白地に紅色の覆輪が緑色、赤へと変化する秋色アジサイ。ヤマアジサイとガクアジサイの交雑種。

↑'グリーン・シャドウ'
H. macrophylla var. *macrophylla* 'Green Shadow'

ダークローズ色の弁先にグリーンが入るユニークな色合いの手まり咲き。花色はダークローズ色からグリーンに変化する。

↑'ミミ'(ポージィブーケシリーズ)
H. macrophylla var. *normalis* 'Mimi'
(Posy-Bouquet Series)

濃ピンク色の装飾花が八重咲き。星のような形をした細い萼片の装飾花がユニークなガク咲き。

↑'マジカル・グリーンファイヤー'
H. macrophylla var. *macrophylla* 'Magical Greenfire'

手まり咲き。開花したては白色。のちに紅色で花弁の外側に緑色の大きなポイントが入る。複色で珍しいが、近年、海外の育種によりいくつかの品種が発表されている。

↑'ホベラ'(ホバリアシリーズ)
H. macrophylla var. *normalis* 'Hobella'
(Hovaria Series)

「カメレオンアジサイ」「秋色アジサイ」の名があり、咲き進み、時間が経過すると萼片の色が変わる。最初はピンク色で、やがて緑色から赤に変わる。この変化は終わりの色なので、来年開花させるためには途中で剪定する。土壌酸度に関係なくピンク色の花を咲かせる。花弁は丸弁で巨大輪。ガク咲き。

↑'ロイヤル ピンク'
H. macrophylla var. *normalis*
'Royal Pink'

ガク咲き。丸弁の大きな装飾花。美しいピンク色。

↑ '美咲小町'
H. macrophylla var. *macrophylla* 'Misakikomachi'

手まり咲き。花は小型で八重。花序は大きい。本来は紅色だが、普通に植栽すると紫色になる。

↑ '万華鏡'
H. macrophylla var. *macrophylla* 'Mangekyou'

手まり咲き。小型の八重咲き。淡い青色で白覆輪。清楚。

↑ 'コサージュ'
H. macrophylla var. *normalis* 'Corsage'

ガク咲き、八重。装飾花、両性花ともに淡い紫色で美しい。

↑ 'ウェディングブーケ'
H. macrophylla var. *normalis* 'Wedding-Bouquet'

淡いピンク色の装飾花は八重咲き。両性花も小さな八重咲きになった豪華なガク咲き。

↑ '**フェアリー・キッス**'
H. macrophylla var. *macrophylla*
'Fairy Kiss'

手まり咲き。抱え咲きの小型で八重の花が整った形で丸く咲く。青色。

↑ '**ユーミー・トゥギャザー**'
H. macrophylla var. *macrophylla*
'Youme Together'

手まり咲き。小型の花で八重咲き。本来は紫色だが、ピンク色のものも多く出回る。

↑ '**ハワイアン・ブルー**'
H. macrophylla var. *macrophylla*
'Hawaiian Blue'

抱え咲きの手まり咲きで濃青の品種は珍しい。

↑ '**ペニーマック**'
H. macrophylla var. *macrophylla*
'Penny Mac'

手まり咲き。花序は巨大で、四季咲き性が最も強い。青色。秋には花が終わりかけて紅色に色づいた花序と咲きたての青い花の両方が楽しめる。

↑ '**マジカル・レボルーション**'
H. macrophylla var. *macrophylla* 'Magical Revolution'

手まり咲き。淡い青色だが、開花したての花は縁に緑色が残る。そのころも美しい。

↑ '**フェアリー・アイ**'
H. macrophylla var. *normalis* 'Fairy Eye'

紫色の八重咲きの装飾花が人目を引くガク咲き。ピンク色の品種が多く出回るが、写真のような神秘的なブルーも出回る。

↑ '**マジカル・プリンセス**'
H. macrophylla var. *normalis* 'Magical Princess'

藤色の装飾花の萼片に細かい鋸歯状の切れ込みが入って美しい。ガク咲き。

外国種のアジサイ

カシワバアジサイ H. quercifolia

北アメリカ原産のアジサイの仲間です。葉がカシワに似ているところからこの名があります。白い花が房状につき、花序は立ち上がらず、横または下に垂れます。日陰でも育ちますが、基本的に日当たりがよいほうがよく育ち、秋にはきれいに紅葉します。日本には10品種ほどが移入されていて、人気も高い種類です。

↑'バック・ポーチ'
H. quercifolia 'Back Porch'

花序は小ぶりだが、よい芳香がある。開花時は白色だが、終わりかけると日当たりでは淡いピンク色になり、美しい。

↓'バーガンディ・ウェーブ'
H. quercifolia 'Burgundy Wave'

一重の花序は一般的だが、日当たりがよいと秋の紅葉が非常に美しい。

↓'スノーフレーク'
H. quercifolia 'Snowflake' = 'Brido'

八重咲きの品種。花が終わりかけると緑色がかり、さらに赤みが入る。人気があり、よく普及している。

アメリカアジサイ H. arborescens

　古くはアメリカノリノキの名でも知られた種類です。この仲間は春から伸びた新梢に花芽ができるので、寒さや寒風にも非常に強く、アジサイなどと比べて、剪定にも気をつかいません。3月ごろ地上部を生え際から切っても開花します。

↑ 'ピンクのアナベル ジャンボ'
H. arborescens 'NCHA4'

以前、日本に紹介された'ピンクのアナベル'は軸がやや弱く、雨などで倒れることが多いが、この品種は軸が太く、雨に強い。花序も大きい。最新品種。

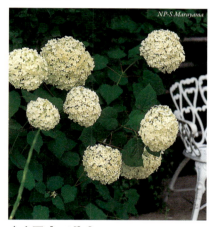

↑ 'アナベル'
H. arborescens 'Annabelle'

北アメリカ原産で手まり咲き。白い花は小さいが花序が大きく、人気が高い。最近、ガク咲きや八重咲きの品種も入ってきた。

↓ 'インクレディボール'
H. arborescens 'Abetwo'

'アナベル'は軸がやや弱く、花序が大きいため、雨などで倒れることが多い。この品種は軸が太くて雨にも強い優良品種で、花序もほかの品種と比べてさらに大きい。

斑入り品種、カラーリーフ

　日本のアジサイには斑入りの葉をもつものが少なくありません。斑のタイプには曙斑や散り斑、はけ込み斑、覆輪斑など、さまざまなものがあり、また黄金葉、紅葉などの美しいカラーリーフが楽しめるものもあります。花だけでなく、葉が美しい品種は観賞価値が高く、斑入りやカラーリーフにこだわって集める楽しみもあります。

　ヤマアジサイの系統では夏ごろには斑が退色する（暗む）種類もありますが、斑入りの品種は芽が出る時期から花が終わったあとまで葉が楽しめます。なお、夏期には直射日光を当てると葉焼けするので注意が必要です。

斑の入り方のいろいろ

曙斑（あけぼのふ）　春から初夏にかけて白や黄色の新葉が出て、のちに緑色に変わる斑。

散り斑（ちりふ）　葉面の全面に細かい点々の斑が入る。細かいものは砂子斑（すなごふ）ともいう。

はけ込み斑（はけこみふ）　葉の中央部や縁から刷毛（はけ）で塗ったように入る斑。変化しやすい斑型。

覆輪斑（ふくりんふ）　葉の縁が白く縁取られる斑。外斑。

↑**ヤマアジサイ '黄冠'**
H. serrata 'Oukan'

枝の先端の新葉が黄色くなる曙斑の品種。花は紫色系のガク型。黄色の葉と紫色の花のコントラストが美しい。

↓**ヤマアジサイ '金鈴'**
H. serrata 'Kinrei'

黄色のはけ込み斑が入り、カラーリーフのような華やかさ。ガク型で、装飾花の白色が黄色の葉に映えて美しい。

↑ ガクアジサイ'レモンウェーブ'
H. macrophylla var. *normalis* 'Lemon Wave'

覆輪斑で白と黄色の斑が入る。花はガク型。装飾花は白色、両性花はピンク色で美しい。

↑ ガクウツギ'斑入り'
H. scandens 'Fuiri'

ガクウツギ（24ページ参照）の斑入り品種で、白のはけ込み斑が入る。日陰を明るくする低木の一種。花に芳香のあるタイプもある。

↑ 斑入りガクアジサイ
H. macrophylla var. *normalis* f. *variegata*

古くから知られている白覆輪のガクアジサイ。ガク型の大輪の花と美しい葉のバランスがよい。葉焼けしにくい。

↑ ヤマアジサイ'紅の白雪'
H. serrata 'Beninoshirayuki'

7月ごろから新葉の先が白く変化し、のちに薄黄色になる。日陰の植栽で庭を明るくできる品種。

↓ ヤマアジサイ'黄金駿河'
H. serrata 'Ougonsuruga'

葉が濃い黄色。細いが美しく目立つ。花はガク咲きの白。

↑アジサイ'黄金葉'
H. macrophylla var. *macrophylla* 'Ougonba'

装飾花はピンク色。新葉が黄金色で美しく、退色も遅く、7月ごろまで美しい。

↑ヤマアジサイ'九重山'
H. serrata 'Kujuusan'

ガク咲きで両性花も装飾花も薄青色。葉が黄色の散り斑で秋まで美しい。秋にはやや色がさめる。

↑ノリウツギ'雪化粧'
H. paniculata 'Yukigesyou'

散り斑の美しい品種。

↓カシワバアジサイ'リトル・ハニー'
H. quercifolia 'Little Honey'

葉は黄金色。日陰では薄くなる。花序は小型。

↑赤葉アジサイ

ハイドランジア・アスペラの仲間と考えられる。葉の出始めは赤いが、広がると表は緑色がかったえび茶色で裏は赤い。光に透けたさまが美しい。

日本に自生するアジサイの仲間

種類	特徴
ガクアジサイ (H. macrophylla var. normalis)	花の周縁にぐるりと額縁のように装飾花がつくことからこの名がついた。アジサイは装飾花だけの手まり型。
ヤマアジサイ (H. serrata)	エゾアジサイ、'オオアマチャ'、ヒュウガアジサイなど、地域によりさまざまな変種や品種がある。
タマアジサイ (H. involucrata)	蕾が苞葉に包まれ、球のように見えることが大きな特徴。東北地方から中部地方の山地に自生。
コアジサイ (H. hirta)	花に装飾花がないのが特徴。関東地方以西の本州、四国に分布。
コガクウツギ (H. luteovenosa)	伊豆半島、近畿、中国、四国、九州に分布。葉は小さな楕円形。装飾花の花弁(萼片)の大きさに違いがあり、白からやや黄色みを帯びる。
ガクウツギ (H. scandens)	関東地方南西部から四国、九州に分布。長楕円形の葉に青みを帯びた光沢があるため、コンテリギの別名がある。
ノリウツギ (H. paniculata)	大きな円錐形の花をつける大型種。樹高3m以上になる。全国に分布。
ツルアジサイ (H. petiolaris)	枝から気根を出して、ほかの樹木によじ登る。装飾花の花弁は4枚。
トカラアジサイ (H. kawagoeana)	九州南部から琉球諸島に分布するガクウツギの仲間。ヤクシマアジサイとも呼ばれる。
ヤハズアジサイ (H. sikokiana)	紀伊半島、四国、九州に自生。広楕円形の葉が先端で3〜7裂片に分かれるのが特徴。装飾花は白色。
アマギコアジサイ (H. × amagiana)	コガクウツギとコアジサイの自然交雑種で装飾花がない。静岡県伊豆地方でまれに見られる。
チチブアジサイ (H. × chichibuensis)	コアジサイとガクウツギの自然交雑種。埼玉県秩父地方でまれに見られる。
ヤエヤマコンテリギ (H. yayeyamensis)	八重山列島に分布するガクウツギの仲間。
リュウキュウコンテリギ (H. liukiuensis)	沖縄本島特産のガクウツギの仲間。

アジサイの年間の作業・管理暦

	1月	2月	3月	4月	5月
生育状態	休眠	休眠	休眠		

主な作業

- p50、p51、p78
- 植えつけ、植え替え、株分け
- p79
- p59 花後の植えつけ（購入株）
- 休眠期の剪定
- 防寒（防風） → p76
- さし木（休眠枝ざし） → p45
- p54 とり木

管理

- 置き場（鉢植え）: 寒風の当たらない場所 / 日当たりのよい戸外
- 水やり（鉢植え）: 鉢土の表面が乾いたら
- 水やり（庭植え）: 特に必要ない
- 肥料: 寒肥
- 病害虫の防除: コウモリガの幼虫 / ハダニ / アブラムシ / 灰色かび病 / 炭そ病 / さび病

関東地方以西基準

	6月	7月	8月	9月	10月	11月	12月

生育 / 休眠

開花（種類によって異なる） / 花芽分化（新枝咲きを除く）

花後の植え替え（購入株）

p58、p63、p86

植えつけ、植え替え、株分け
花後の植えつけ（購入株）

p79

花後の剪定（種類によって異なる） / 休眠期の剪定

日よけ

防寒（防風）

p69

さし木（緑枝ざし） → p62 ← さし木（緑枝ざし）

p76

明るい日陰 / 日当たりのよい戸外 / 寒風の当たらない場所

乾かさないように注意

乾燥が続いたら / 特に必要ない

花後の追肥（種類によって異なる） / 液体肥料（鉢植えの場合） / 寒肥

うどんこ病　　うどんこ病
　　　　　　　炭そ病

アジサイの花のつくりと名称

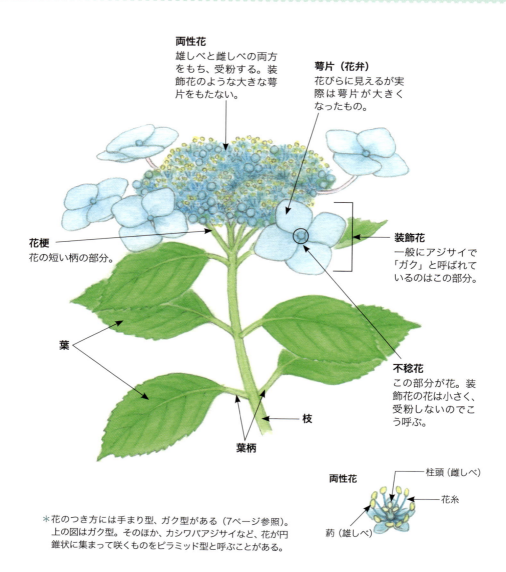

*花のつき方には手まり型、ガク型がある（7ページ参照）。上の図はガク型。そのほか、カシワバアジサイなど、花が円錐状に集まって咲くものをピラミッド型と呼ぶことがある。

12か月
栽培ナビ

主な作業と管理を月ごとにまとめました。
いただいた鉢植えもしっかり管理すれば、
また、美しい花を咲かせてくれますよ。

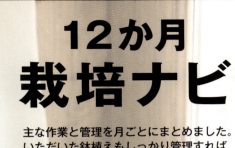

アジサイ
'歌合わせ'

January
1月

今月の主な作業
基本 剪定
基本 植えつけ、植え替え、株分け
基本 防寒
トライ さし木

基本 基本の作業
トライ 中級・上級者向けの作業

1月のアジサイ

　1年で最も寒い時期に入ります。外観は休眠していますが、十分寒さに当たった株は中旬ごろには休眠から目覚め始めます。アジサイは寒さにはかなり強いものの、乾いた寒風に当たると枝が枯れたり、花芽が枯死したりすることがあります。空中湿度が低くなると枝が枯れる場合もあるので、乾燥した風（からっ風など）の吹く地方は防風をする必要があります。逆に雪が積もる地方はアジサイには過ごしやすい環境です。

ノリウツギ'リトル ホイップ'
H. paniculata 'Ilvobo'
矮性タイプのノリウツギで、花序は大きいが、倒れる心配はほとんどない。白い花が終わるころには淡いピンク色になり美しい。

主な作業

基本 剪定
混み合った株元を整理
　12月に引き続き、休眠期の剪定が行えます（79ページ参照）。

基本 植えつけ、植え替え、株分け
　関東地方以西では行えます（50、51、78ページ参照）。寒冷地では春になってから行いましょう。

基本 防寒
寒冷地では忘れずに
　76ページを参考に行います。

トライ さし木
タマアジサイ、カシワバアジサイの休眠枝ざしが適期
　アジサイのさし木はほかの植物に比べると簡単で、冬の「休眠枝ざし」、花後の「緑枝ざし」が行えます。しかし、タマアジサイ、カシワバアジサイなど、一部の種類は花後の緑枝ざしでは発根しにくい場合があります。これらは1月下旬〜2月に「休眠枝ざし」を行います（45ページ参照）。
　この時期は穂木が凍ったり、用土が霜柱で持ち上げられたりするので、日がよく当たる暖かい場所で管理します。

今月の管理

- ☀ 寒風の当たらない軒下など
- 💧 鉢土の表面が乾いたら。庭植えは不要
- 🌱 2月上旬までに寒肥を施す
- 🐛 特にない

1月

トライ さし木（休眠枝ざし）

適期＝1月下旬～3月下旬

1 穂木を準備

昨年伸びた充実した枝を選び、2芽以上つけて、土にさす部分に芽がこないように切りそろえる。すぐにさすなら水あげは不要。

2 穂木をさす

駄温鉢に鹿沼土小粒単用（または赤玉土小粒かバーミキュライトの単用）を入れて湿らせる。穂木を用土に深さ2㎝までさす。

3 暖かい場所で管理

水をたっぷり与えたら、日がよく当たる軒下や室内の窓辺に置く。乾かさないように管理すると、3か月ほどで発根する。

管理

🪴 鉢植えの場合

☀ 置き場：寒風の当たらない軒下など

12月に引き続き、寒風の当たらない軒下などに置きます。落葉期なので、明るい場所であれば日光は当たらなくてもかまいません。

💧 水やり：鉢土の表面が乾いたら

鉢土の表面が乾いたらたっぷりと与えます。積雪後に雪が凍り、鉢土に水分が浸透せず乾くことがあるので注意します。エゾアジサイの一部の品種（'雨情''ひめごと''花のささやき'など）は空中湿度が低いと枝枯れするので、乾燥に注意します。

🌱 肥料：2月上旬までに寒肥を施す

12月下旬から寒肥の適期です。まだなら81ページを参考に施します。

🌿 庭植えの場合

💧 水やり：必要ない

🌱 肥料：寒肥を施す

まだなら、81ページを参考に施します。

🪴🌿 病害虫の防除

特にありません。

February 2月

今月の主な作業

- 基本 剪定
- 基本 植えつけ、植え替え、株分け
- 基本 防寒
- トライ さし木

基本 基本の作業
トライ 中級・上級者向けの作業

2月のアジサイ

1月下旬～2月上旬まで、極寒期が続きます。立春を過ぎて中旬になると、日中は日ざしで気温が上がり、暖かく感じられる日が出始めます。アジサイの株には特に動きは見られませんが、すでに冬の休眠から覚めていて、芽の動きだしの時期をうかがっています。暖かい日が数日続いたあと、猛烈な寒波が訪れると、動きだした花芽が傷むことがあります。特に乾燥が続く地方では、アジサイが傷みやすいので、防寒や強風対策をしっかりと行います。

アジサイ'三河千鳥'
H. macrophylla var. *macrophylla* 'Mikawachidori'
手まり咲き。装飾花が細かく、両性花が花序の表面にあり独特の花容。のちに発見場所の名をとって'天竜千鳥'とも呼ばれるようになった。

主な作業

基本 剪定
休眠期の剪定の適期
1月に引き続き、休眠期の剪定が行えます（79ページ参照）。

基本 植えつけ、植え替え、株分け
寒冷地を除いて作業の適期
関東地方以西では行えます（50、51、78ページ参照）。寒冷地では春になってから行いましょう。

基本 防寒
寒冷地では忘れずに
76ページを参考に行います。

トライ さし木
タマアジサイ、カシワバアジサイの休眠枝ざしが適期
1月に引き続いて、タマアジサイ、カシワバアジサイなどの休眠枝ざしが行えます。ほかの種類は3月を待って行います（45ページ参照）。

さし木後の置き場
さし木をした鉢はよく日の当たる軒下や室内の窓辺など凍らない場所に置く。

今月の管理

- ☀ 寒風の当たらない軒下など
- 💧 鉢土の表面が乾いたら。庭植えは不要
- 🌱 2月上旬までに寒肥を施す
- 🐛 特にない

管理

🪴 鉢植えの場合

☀ 置き場：寒風の当たらない軒下など

1月に引き続き、寒風の当たらない軒下などに置きます。この時期に乾いた寒風に当たると一番上の花芽が真っ先に枯れ、ひどいと枝全体が枯れてしまうこともあります。よほど低温にならないかぎり木は大丈夫ですが、エゾアジサイの一部の品種（'雨情''ひめごと''花のささやき'など）は地上部がすべて枯れることもあります。エゾアジサイは自生地では雪の下になり、保湿されるため、傷みません。

💧 水やり：鉢土の表面が乾いたら

鉢土の表面が乾いたらたっぷりと与えます。冬は休眠期なので、乾燥にもよく耐えますが、まったく水がいらないわけではありません。積雪地帯では、鉢土が乾燥した状態で雪に埋もれると、低温で雪が解けず、乾いたままになり、株が枯れてしまうこともあります。日ごろから鉢土の状態をよく確認するようにします。

🌱 肥料：寒肥を2月上旬までに施す

2月上旬まで寒肥の適期です。まだ施していなければ、早めに施します。施肥量などは81ページを参考にしてください。もし忘れてしまった場合、中旬以降は施しません。

🌿 庭植えの場合

💧 水やり：必要ない

🌱 肥料：2月上旬までに寒肥を施す

81ページを参考に2月上旬までに寒肥を施します。寒肥を十分に行えば、追肥は不要になります。有機質肥料の寒肥は多めに施しても木が傷むことはありません。

なお、もし寒肥を忘れてしまった場合は鉢植えと異なり、2月いっぱいまでなら応急処置として少量の肥料を施せます。上記、寒肥の3分の1から2分の1程度（5年生の株で35～50ｇ）を目安にします。

🪴🌿 病害虫の防除

特にありません。

March
3月

基本 基本の作業
トライ 中級・上級者向けの作業

今月の主な作業

- 基本 剪定
- 基本 植えつけ、植え替え、株分け
- 基本 防寒
- トライ さし木

3月のアジサイ

日増しに日ざしが強くなり、暖かい日が多くなってきます。しかし、「三寒四温」というように、まだまだ寒い日もあります。また、関東地方などでは大雪が降ることが多い月でもあります。アジサイは根の活動が活発になり、3月下旬には新芽も伸びてきます。低温はあまり心配ありませんが、乾燥した風が続くときは鉢土の乾燥に注意します。どの種類も植えつけ、植え替え、さし木の適期です。これらの作業は4月になると手遅れになるので、3月中に忘れずに行います。

ヤマアジサイ'筑波小輪'
H. serrata 'Tsukubasyourin'
ガク咲き。茨城県で見つかった品種で、花が非常に小型。白色。

主な作業

基本 剪定

休眠期の剪定は中旬まで

2月に引き続き、混み合った株元の枝を整理する休眠期の剪定が行えます。遅くとも3月中旬までに終えます（79ページ参照）。

基本 植えつけ、植え替え、株分け

作業の適期

作業の適期です。関東地方以西だけでなく、寒冷地でも行えます。いずれの作業も基本的には落葉期に行いますが、寒冷地や小苗の場合などは寒さに向かうころから厳寒期を避けて、今月に行うのがベストです。

鉢植えの植え替えや鉢植えを庭に植えるときは、必ず根鉢を一回りくずして植えつけます。ていねいに根をほぐすようにくずすのがコツです。根の状態がよい株ほど鉢の中で根が回っています。そのまま植えつけ、植え替えすると、新しい根が根鉢の外側に伸びていきません。また、根がびっしり回って硬くなった状態では、植え替えても根腐れを起こすことがあります（78ページ参照）。

今月の管理

- ☀ 寒風の当たらない軒下など
- 💧 鉢土の表面が乾いたら。庭植えは不要
- 🟢 施さない
- 🐛 特にない

3月

植え替えは単に鉢を大きくするのではなく、用土を新しいものに替えることが大切です（83ページ参照）。

また、株が育ってくると株分けができます。株があまり大きくならないうちに行うのがコツです。大きくなりすぎた株はノコギリをなど使い、切り分けます（51ページ参照）。

基本 防寒

寒冷地では忘れずに

76ページを参考に行います。

トライ さし木

休眠枝ざしの適期

休眠枝ざしが行えます。2月まではタマアジサイ、カシワバアジサイなどのさし木の適期でしたが、3月はほかの種類も含めて、どのアジサイでも行えます（45ページ参照）。花芽のついた枝を穂木として使うと、管理の状態がよければ、5〜6月に開花させることもできます。

花芽のついた枝をさし木した例。発根したらすぐに鉢上げし育てる。

管理

🪴 鉢植えの場合

☀ 置き場：寒風の当たらない軒下など

2月に引き続き、寒風の当たらない軒下などに置きます。日陰でもかまいませんが、3月中旬以降は新芽が展開してきたものから、日当たりに鉢を移動させます。日陰では枝が充実せず細くなって、あとの生育も悪くなります。

💧 水やり：鉢土の表面が乾いたら

鉢土の表面が乾いたらたっぷりと与えます。新芽が動き始めると、冬の休眠時よりも水分をよく吸うようになります。日ごろから鉢土の表面の乾き具合を、よく観察しておきます。

🟢 肥料：施さない

寒肥は2月上旬までです。忘れていても施しません。

🌱 庭植えの場合

💧 水やり：必要ない

🟢 肥料：施さない

🪴🌱 病害虫の防除

特にありません。

基本 植えつけ

適期＝11〜3月（寒冷地は3月のみ）

購入株を花後の5〜6月、9月下旬〜10月上旬に庭に植えつけるときも同様の手順で行える。

① 植え穴に腐葉土を入れる

植えつける株の根鉢よりも一回り大きな植え穴を掘る。穴の深さの3割程度まで腐葉土を入れる。

④ ウォータースペースをつくる

土を入れ終わったら、株の周囲に土を少し盛り上げ、ウォータースペースをつくる。

② 穴底の土と腐葉土を混ぜる

スコップで穴底の土と腐葉土がなじむようによくかき混ぜる。

⑤ 水をたっぷり与える

ウォータースペースにジョウロで水をたっぷりと注ぎ入れる。

③ 株を置いて土を入れる

穴の中に植えつける株の根の部分を入れて、根鉢の上部が地表と同じ高さになるように調整する。根鉢と穴のすき間に土を入れる。

すき間に掘り上げた土を入れる

⑥ 株を安定させる

水が引いたら、盛り上げた土をくずして、根元の土を軽く踏んで固めて、株がぐらつかないように安定させる。

基本 株分け　適期＝11〜3月（寒冷地は3月のみ）

大きくなりすぎないうちに行う

株が育ってくると株分けが行えます。庭植えにした株は大きくなると木が堅くなり、株分けがしづらくなります。株分けはあまり大きくならないうちに行うのがコツです。大きくなりすぎた株は写真のようにノコギリなどを使い、切り分けます。鉢植えの株分けは比較的楽に行えます。

3 根鉢をくずす
根鉢をくずして、土を落とす。

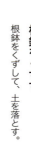

1 スコップを差し込む
株元から20cm離れた位置に円を描くようにスコップを差し込む。

4 ノコギリなどで切り分ける
株が大きいと株元が硬くなっている。ノコギリなどを使って根元を縦に切り、株を分ける。

2 株を掘り上げる
株を掘り上げた状態。株元には半円形状の根鉢がついている。

5 株を分ける
株を切り分けた状態。50ページの要領でなるべく早くそれぞれの株を植えつける。

タネからふやそう　適期＝11月、3月

自分だけのアジサイが育てられる

　アジサイをふやすには、さし木やとり木が一般的です。しかし、タネをまくと自分だけのアジサイがつくれる楽しみがあります。まいたタネのすべてが特徴ある株に育つわけではありませんが、多くの苗のなかから、すばらしい株が生まれる夢があります。

タネとりは11月か3月

　タネは花が終わったあとの両性花につきます。1mmほどの大きさの緑色の粒（果実）ができますが、花後もそのままにしておくと、11月ごろには熟してきます。

　果実は壺状になっていて、その中にほこりのように細かなタネがたくさん入っています。果実が熟し、上部が裂開してきたら、花首から切り取って用土の上に振りまくか、タネを保存しておいて、暖かくなってからまきます。花首を取らないで、3月まで枝につけたままにしておいてもかまいません。

　タネをまいたあとは、タネが雨で流されたり、霜柱で持ち上がったりしないように、日当たりのよい軒下などに置いて管理します。11月にまいて暖かい場所で管理すれば2月ごろに、3月にまくと5月ごろには発芽してきます。

タネまきで生まれたアジサイ

　一関市のアジサイ園で行ったタネからの栽培。ヤマアジサイ'清澄'からとれたタネを使用した。生まれた子株を見ると、葉はこの品種特有の赤みがかった色で、基本品種そのもの。しかし、花は変化に富んだものが生まれた。

親の品種として使用したヤマアジサイ'清澄'。

同じ'清澄'のタネから誕生したアジサイ。

Column

植え替えで株間を広げる

本葉が4枚ほどになったら、掘り上げて、株間を5〜10cmに広げて植え直します。根を切らないようにピンセットなどを用いるとよいでしょう。移植せず株間が狭いままだと、苗が大きくならないか、数本残して枯れてしまいます。その後、1本ずつ鉢に植え替え（鉢上げ）します。タネまきから4〜5年で花が見られます。数多くの株のなかから気に入った株を選び、育てていきます。

タネまきの仕方

1
装飾花　両性花

アジサイのタネ
両性花にタネができる。タネは小さくて細かい。保存する場合は封筒など、紙袋に入れて乾燥したところに置いておく。

2

タネをまく
平鉢や育苗箱に、赤玉土細粒か鹿沼土小粒を入れ、あらかじめ水を与えて湿らせておく。花首を切ってすぐにまくときは、花首をまき床の上で軽く振ってタネをまく。タネが1か所に固まらないように注意。覆土は行わない。

3

発芽してきたアジサイ
発芽するまで洗面器などに2〜5cm程度水を張り、鉢をつけて、底面給水をして用土が乾かないようにする。水は上からかけるとタネや用土が動いてうまく発芽しない。3月まきなら5月ごろに芽が出てくる。11月まきの場合は暖かい室内などで管理すると2月には発芽する。発芽後は日によく当てて、用土を乾かさないように水やり。

4

株間を広げて栽培
本葉4枚になったら植え替えて株間を広げる。写真は植え替えて1年たったもの。その後の成長は早く、枝がしっかりとしてきたら、3号ポットなどに鉢上げをする。

April
4月

今月の主な作業

- トライ とり木

基本 基本の作業
トライ 中級・上級者向けの作業

4月のアジサイ

　暖かい日が続くようになり、アジサイの花芽がふくらんできます。4月中旬には葉が開き、徐々に緑が多くなって、株の姿が毎日変化していきます。下旬まで遅霜の心配があります。開いたばかりの葉は傷みやすいので、天候には十分注意します。また、園芸店には早くもアジサイの花つき株が出回りますが、ハウス内の暖かい環境で栽培されたもので、特に花が霜に当たると傷んでしまうので寒いときは室内に取り込むなどの注意が必要です。

ヤマアジサイ'虹' *H. serrata* 'Niji'
ガク咲き。やや大輪で、花弁の外側が赤紫色で、内側が青紫色の複色花。

主な作業

トライ とり木

確実に株をふやせる

　とり木は一度にふやす株数は限られるものの、最も確実な繁殖法です。4〜9月に行えます。

　長く伸びた枝を曲げて節の部分が地表に触れるようにし、そこに土をかけておきます。早ければ2週間ほどで発根します。さらに放置し半年くらいたって、根が十分に伸びたら元の枝から切り離し、独立した株として育てます。

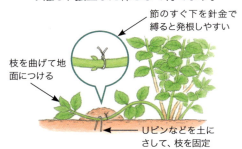

節のすぐ下を針金で縛ると発根しやすい
枝を曲げて地面につける
Uピンなどを土にさして、枝を固定

とり木の例。長く伸びた枝を使っている。

今月の管理

- ☀ 日のよく当たる場所
- 💧 鉢植えは水切れに注意。庭植えは不要
- 🌱 施さない
- 🐛 アブラムシ、ハダニ、コウモリガの幼虫、灰色かび病などの発生

管理

🪴 鉢植えの場合

☀ 置き場：日のよく当たる場所

日のよく当たる場所に置きます。3月まで寒風を避けて軒下などに置いていた株は、できれば日がもっとよく当たる場所に移動させます。春の成長期に十分に日に当てないと枝葉が充実せず、よい花が咲きません。最悪の場合は株の体力がなくなって、枯れることもあります。

💧 水やり：水切れに要注意

鉢土の表面が乾いたらたっぷりと水を与えます。柔らかい葉が展開したばかりなので水切れに要注意です。葉からの水分の蒸散が活発になり、乾きやすくなっています。乾燥が続くと葉がしおれるだけでなく、3月までと比べてダメージがきわめて大きく、ひどい場合は枯れてしまうこともあります。

🌱 肥料：施さない

花が終わるまで、肥料は施しません。

🌿 庭植えの場合

💧 水やり：必要ない

乾燥には注意しますが、この時期、庭植えの場合は極端に乾燥することはないので、特に必要ありません。

🌱 肥料：施さない

🪴🌿 病害虫の防除

アブラムシ、ハダニ

気温の上昇とともにアブラムシ、ハダニが発生しやすくなります。新芽だけでなく展開した葉裏に潜んでいる場合が多いので、注意して確認し、発生していたら殺虫剤で防除します。葉裏にも薬剤がよくかかるように散布するのがコツです。

コウモリガの幼虫

越冬したコウモリガの幼虫が動き始めます。枝に細かな木くずの塊がついていたら、枝の内部に食入していると考えられます。被害の見られる枝を切り取ります。

灰色かび病、炭そ病

灰色かび病は室内や簡易温室などで育てている株に発生することがあります。また、6月ごろから発生する炭そ病の予防には、4月から適用のある殺菌剤を散布すると安心です。

May
5月

今月の主な作業

- 基本 花後の剪定
- 基本 植えつけ、植え替え
- トライ さし木
- トライ とり木

- 基本 基本の作業
- トライ 中級・上級者向けの作業

5月のアジサイ

園芸店では母の日（5月第2日曜日）のギフト用に、華やかなアジサイの鉢花がたくさん並びます。一方、5月の連休にはすでにガクウツギの開花が始まっています。アジサイの仲間では最も早い開花です。ほかの種類も葉が大きく広がり、枚数もふえて、株全体が緑で覆われてきます。5月下旬が近づくと、まもなくアジサイの本格的な開花の季節を迎えます。成長の早いもののなかには蕾が見えてくるものもあります。

アジサイ'花てまり'
H. macrophylla var. *macrophylla* 'Hanatemari'
現在では手まり咲きの八重咲きの品種が多くなったが、最初に登場したのが本品種と思われる。青紫色。

主な作業

基本 花後の剪定

花が終わったものから行う

最近では、早ければ3月から園芸店に花が咲いたアジサイが並んでいます。それを入手した場合、本来の開花期よりも早く花が終わります。花が終わったらなるべく早く花後の剪定を行います（58ページ参照）。

基本 植えつけ、植え替え

購入株の作業は前倒しで

通常の栽培よりも前倒しで、花が終わったら花後の剪定に続いて植え替え、植えつけを行います（59ページ参照）。早く行うほど、その後の生育がよくなります。

トライ さし木

緑枝ざしが可能

アジサイの鉢花の生産者は5月中旬〜6月上旬までに緑枝ざしを行います（62ページ参照）。株をどうしてもふやしたい場合は作業は可能ですが、観賞を優先する場合は花後を待って行います。

トライ とり木

確実に株をふやせる

9月まで行えます。54ページを参考に行います。

今月の管理

- ☀ 日のよく当たる場所
- 💧 鉢植えは水切れに要注意。庭植えは不要
- 🌱 咲き終わった株は施す
- 🐛 アブラムシ、ハダニ、コウモリガの幼虫、さび病の発生

管理

🪴 鉢植えの場合

☀ 置き場：日のよく当たる場所

4月に引き続いて、よく日の当たる場所に置きます。開花中の株は観賞のために、日陰に移動させてもかまいません。ただし、品種本来の花色が出ていない株や、まだ蕾の段階の株は日に当てる必要があります。日に当てれば当てるほど、花の発色はよくなります。

💧 水やり：水切れに要注意

葉が大きくなり、枚数もふえ、蕾も大きくなると、用土が乾きやすくなります。また、気温が高くなり、日照量も多くなると直接、用土から蒸発する量もふえます。水切れには十分注意します。極端な水のやりすぎもいけませんが、慎重になって、うっかり水を与えないまま、大切な蕾や葉をだめにすることのないようにします。

🌱 肥料：咲き終わった株は施す

ほとんどの株はこれから開花を迎えるので施しません。もし早く入手した株の花が終わったら、お礼肥として発酵油かすの固形肥料や緩効性化成肥料を施します（83ページ参照）。

🌿 庭植えの場合

💧 水やり：必要ない

🌱 肥料：施さない

🪴🌿 病害虫の防除

アブラムシ、ハダニ

発生したのを見つけたら、殺虫剤で防除します。葉裏にもしっかりと散布しましょう。

コウモリガの幼虫

被害の見られた細い枝ごと切り取ります。

左・幼虫が枝に食入すると、ノコギリくずのようなふんがつく。
右・被害枝を切ると中に幼虫が潜んでいた。

さび病

適用のある殺菌剤を事前に散布して防除します。

基本 購入株の花後の剪定（花がら切り）

適期＝花が終わったらすぐ

花が終わったらすぐに作業開始

剪定前の状態。品種は'城ヶ崎'。3～4月に入手した開花株は花が終わったら、すぐに花がら切りを行う。

花から2節下の節の上で切る

→ ここには芽がない
→ 芽がある

花のついた枝を切り戻す。花の2節下に芽があるのを確認して、その上で切る。花のすぐ下の節には芽がない。そこを残して切ってもわき芽は伸びない。

花がらは残さない

ついていた花がらはすべて同様の手順で切り取る。続けて植え替えを行う（59ページ参照）。

Column

花の終わりの見極め方

アジサイの花は終わりがわかりにくく、まだ花がついているからといつまでもそのままにしておきがちです。アジサイは装飾花が裏返ったら花が終わった証拠。早めに花がら切りを行います。あまり長く花をつけておくと、新しく伸びる枝が充実せず、来年の花のための花芽分化が行えなくなります。

なお、花が終わったあとの花がらの色の変化を楽しむなど、観賞目的で残したい場合は例外です。

裏返った装飾花。花が終わった証拠。

基本 購入株の花後の植え替え
適期＝花が終わったらすぐ

用意するもの

❶植え替える株、❷一回り大きな鉢、❸用土（例・赤玉土小粒4、庭土3、腐葉土3の配合土。市販の培養土よりも水はけがよい）

3 根鉢と鉢の間に用土を入れる

根鉢を置いて、高さを調整。用土を入れたあと、棒などで用土をついて、根と用土を密着させる。

1 根鉢をくずす

鉢から根鉢を抜き出して、ハサミやナイフで根鉢をくずし、一回り小さくする。

4 水をたっぷり与える

植え替えが終わったら、ジョウロでたっぷりと水を与える。鉢底から流れ出る水が透き通るまでが目安。

2 鉢に用土を入れる

鉢底網で鉢穴をふさぎ、用土を少し入れる。

作業後の肥料はあせらずに

花後にはお礼肥として肥料を施します。ただし、植え替え、植えつけした株は、作業後10日から2週間ほどおいてから施しましょう。作業中に根が切れて弱っているので、肥料をすぐに施すと株が傷むことがあります。

June
6月

基本 基本の作業
トライ 中級・上級者向けの作業

今月の主な作業

- **基本** 花後の剪定
- **基本** 植えつけ、植え替え
- **トライ** さし木
- **トライ** とり木

6月のアジサイ

6月はアジサイの花の季節です。上旬はヤマアジサイ、中旬以降はアジサイが次々と開花します。花の咲き始めから咲き終わりまでの色の変化は美しく、アジサイ観賞の魅力の一つといえるでしょう。咲き始めは緑色から白を帯びていますが、だんだんと品種本来の色になっていきます。6月中旬からは梅雨に入りますが、葉からの蒸散量が多く、水分を好むアジサイは雨の中で生き生きと成長を続けます。

カシワバアジサイ'スノークイーン'
H. quercifolia 'Snow Queen' = 'Flemygea'
花序は大きい。花序が倒れず、立ち上がるのが最大の特徴。

主な作業

基本 花後の剪定
なるべく早く行う

株の体力低下を防ぎ、翌年も確実に開花させるために、花が終わったらできるだけ早く花の咲いた枝だけを切ります。切る場所は花から2節下の節の上です（58ページ参照）。今年咲かなかった枝は来年の開花枝と考えて、そのまま残します。

基本 植えつけ、植え替え
花が終わったものから早めに

開花株を購入した場合、早く花が終わります。花後に植えつけ、植え替えが行えます（50、59ページ参照）。

トライ さし木
緑枝ざしが可能

花が終わったものから、緑枝ざしが行えます（62ページ参照）。冬に行う休眠枝ざしと異なり、穂木は必ず水あげを行ってからさします。

トライ とり木
確実にふやせる

とり木は春から秋まで行えますが、発根しやすく、のちの生育がよいのはこの6月です。54ページを参考に行います。

今月の管理

- ☀ 日のよく当たる場所
- 💧 鉢土の表面が乾いたら。庭植えは不要
- 🌱 お礼肥を施す
- 🐛 アブラムシ、ハダニ、コウモリガの幼虫、炭そ病、さび病、うどんこ病などの発生

管理

🪴 鉢植えの場合

☀ 置き場：日のよく当たる場所

よく日の当たる場所に置きます。日陰でも花は咲きますが、'ベニガク' 'クレナイ' などの赤花や濃い色の花は、日によく当てないと白いままだったり、花色が濃くならなかったりします。室内で観賞する場合は、花がしっかりと色づいてから取り込みます。

💧 水やり：鉢土の表面が乾いたら

鉢土の表面をチェックして、乾いたらたっぷりと水を与えます。アジサイは葉からの水分の蒸散量が多いため、少し水やりを怠っただけでしおれてしまいます。また、雨が降っても葉に当たって鉢外に水が落ちて、鉢内は乾いたままということもあります。雨が降ったからといって安心しないことです。

🌱 肥料：お礼肥を施す

花後のお礼肥を施します。発酵油かすの固形肥料や緩効性化成肥料を少なめに施します（量は83ページ参照）。まだ小さな株で大きくしたいときなどは1か月後にもう1回、同じものを同量施します。

🏠 庭植えの場合

💧 水やり：必要ない

極端に乾燥が続くとき以外は、基本的に必要ありません。

🌱 肥料：お礼肥を施す

鉢植えの場合と同様に、花後にはお礼肥を施します（83ページ参照）。

🪴🏠 病害虫の防除

アブラムシ、ハダニ

雨が多い時期ですが、アブラムシ、ハダニがよく発生します。薬剤散布するときは葉裏にも十分かけるように心がけます。ハダニは殺ダニ剤を散布します。

コウモリガの幼虫

コウモリガの幼虫の活動が活発になります。枝の中を食害するので注意が必要です。被害の見られた細い枝を切って処分します（57ページ参照）。

炭そ病、さび病、うどんこ病など

気温が上がり、湿度が高いと発生しやすくなります。適用のある殺菌剤を事前に散布して防除します。

トライ さし木（緑枝ざし）　適期＝5月中旬～7月下旬、9月中旬～下旬

穂木を準備する
今年伸びた枝を2節（葉4枚）つけて切って穂木とする。右のようにそれぞれの葉を3分の1程度までカットして、水分の蒸散量を減らす。

水あげする
緑枝ざしの場合は水あげが必要。切り口を水に1時間程度浸して、水を吸わせておく。

穂木をさす
平鉢に鹿沼土小粒単用（または赤玉土小粒かバーミキュライトの単用）を入れて、よく湿らせる。割りばしなどで用土に穴をあけ、穂木の下の部分をさし込む。茎と用土が密着するように根元を押さえる。

水を与える
穂木は互いに葉が触れ合わない程度に離してさす。すべてさし終わったら、水をたっぷりと与える。

Column

植えつけまでの管理

明るい日陰に置いて、用土が乾かないように水やりをしながら管理します。発根まで1か月程度かかります。発根したのを確認したら、鉢ごと日当たりに移動させます（ただし真夏は明るい日陰がよい）。翌春以降に植えつけられます。

1年たって根が十分張った穂木。苗として植えつけられる。

3.5号のポット（直径10.5cm）に鉢植えの用土（83ページ参照）で植えつける。

基本 購入して2年目以降の株の花後の剪定

適期＝花が終わったらなるべく早く

1 適期は花が終わったらすぐ
装飾花が垂れ下がり裏返しになったら、花は終わり。剪定を行う。（例・ヤマアジサイ）

4 剪定終了
剪定を終えた状態の株。花がついていた枝はすべて剪定する。

2 花から2節下の葉の上で切る
切る場所は花から2節下の葉の上。1節下は葉のわきに芽がついていないことが多い。あまり下の節まで切り戻すと花芽がつかない。

5 新枝の伸長が始まる
③の芽から新枝が伸びてくる。早めの剪定を行えば、この枝が大きく伸びて、先端に来年の花芽がつく。

3 残した葉のつけ根に芽を確認
切って残した葉のつけ根に新芽があることを確認する。ここから新しい枝が伸びる。

花が咲かなかった枝は残す

2年目以降の株になると花の咲かない枝も出てきます。今年咲かなかった枝は、来年開花する可能性が高いので剪定せず、残しておきましょう。

来年に開花する枝

剪定が遅れた枝。花がらが残っている

幻の緑花のアジサイ

　20年ほど前、緑花のヤマアジサイが紹介され、愛好家の間で話題を呼びました。緑花ではヤマアジサイ'緑衣'という品種やタマアジサイ'緑花タマ'がありますが、この緑花のヤマアジサイは同じ株にガク型と手まり型の花が咲く点で、たいへん珍しいものでした。

　アジサイ研究家の故・山本武臣氏は、このアジサイが病気ではないかと考え、日本大学の植物病理学の先生に検査を依頼したところ、ファイトプラズマという病原菌が原因で緑色の花が発生することがわかりました。当時、この花を珍重するうち健康なアジサイが緑花になったり（花の終わりに緑色になるのとは異なる）、なかには枯れる株も現れたりしたため、病気の伝染が疑われたのです。すべてが枯れたり、伝染したりするわけではありませんが、突然、緑花のアジサイが現れた場合は注意が必要です。

ヤマアジサイ'緑衣'。萼片は美しい緑色。病気ではなくこの品種の特徴。

タマアジサイ'緑花タマ'

病気の緑花。

ヒメアジサイを見に行こう

ヒメアジサイ（*H. serrata* subsp. *yezoensis* f. *cuspidata*）は、日本のアジサイのなかでも特によく栽培されている種類です。ホンアジサイとヒメアジサイは日本のアジサイの双璧をなすといっても過言ではありません。

花は手まり咲き。早咲きで花色は瑠璃色で変化は少なく、花房は平らでつぶれたような形です。葉は光沢がなく、厚みがありません。学名が示すように分類上はエゾアジサイの品種とされていますが、エゾアジサイの'てまりえぞ'などと異なり、葉に毛がなく、野生のものは見られません。

最初に発表したのは故・牧野富太郎博士です。1928年（昭和3年）に信州、陸中の採集旅行で見つけ、翌年に『植物研究雑誌』上で発表しました。「ヒメ」がつく植物は株姿が小さいものが多いのですが、この場合は葉が厚く光沢のあるホンアジサイに対して、優美なアジサイという意味で名づけたそうです。

牧野邸にも植えられていましたが、牧野博士が亡くなったあと枯れてしまい、一時、幻のアジサイになっていました。故・山本武臣氏は長年探し歩き、牧野植物園の元の園長が牧野邸から譲り受け、牧野植物園に植栽されていたことを突き止めました。

江戸時代末期の画のなかに明らかなヒメアジサイの特徴が出ているものがあります。また、1879年（明治12年）にチャールズ・マリーズがイギリスに導入したハイドランジア・ロゼアは、紅い花が咲いたためにこの名がつけられましたが、ヒメアジサイをヨーロッパの弱アルカリ性の土壌に植えたため、紅い花が咲いたと考えられます。

6月にはアジサイの花の名所として知られる神奈川県鎌倉市の明月院や千葉県松戸市の本土寺などを訪れてみましょう。数千株のヒメアジサイの開花が楽しめます。そのほか、ヒメアジサイを植栽している植物園や公園は全国各地にあります。

ヒメアジサイ

神戸市立森林植物園のヒメアジサイ。

7月 July

今月の主な作業
- 基本 剪定
- 基本 植え替え
- トライ さし木
- トライ とり木

基本 基本の作業
トライ 中級・上級者向けの作業

7月のアジサイ

　ガクアジサイの開花は7月中旬ごろまで。梅雨が明けて夏本番となると、花が終わり、大きな葉も急にぐったりとしてきます。高温と乾燥が続き、強い日光に当たると葉焼けが起こり、ひどくなるとしおれてきます。水やりは必要であれば1日2回行ってもかまいません。夏の暑さに負けないで、これから秋へ向けて株の充実を図ることが、来年の開花につながります。ノリウツギは開花真っ盛り。タマアジサイはまだこれからです。

エゾアジサイ'濃青'
H. serrata subsp. *yezoensis* 'Nousei'
ガク咲きで両性花は青、装飾花は濃青色。アジサイ中で花が一番青い。故・山本武臣氏が八甲田山の山中で発見した品種。

主な作業

基本 剪定
なるべく早く済ませる
　花後の剪定は花が終わったらすぐが基本です。剪定して残した先端の葉のわきから側枝が伸びて、翌年の花芽がつきます。早く行って、枝の充実を図ります（58、63ページ参照）。

基本 植え替え
花後になるべく早く
　花が終わったら、早めに植え替えます。市販の鉢植えは鉢ごとに用土が違い、水やりなどのコツが異なる場合があります。日ごろよく使う用土に植え替えると、あとの管理が楽になります。
　植え替えは2～3年に1回。同様に花後に植え替えます（59ページ参照）。作業後は水切れに注意し、根づくまで水を与えます。庭への植えつけは7～8月は行わないほうが無難です。

トライ さし木
緑枝ざしが可能
　行えます（62ページ参照）。

トライ とり木
早めに行う
　早めに行います（54ページ参照）。

今月の管理

- ☀ 梅雨が明けたら明るい日陰へ
- 💧 鉢植えは水切れに要注意。庭植えは不要
- 🌱 花後の株のみ施す
- 🐛 ハダニ、コウモリガの幼虫、うどんこ病、炭そ病などが発生

管理

鉢植えの場合

☀ 置き場：梅雨が明けたら明るい日陰へ

梅雨明けまでは日のよく当たる戸外に置きます。梅雨が明けると葉焼けや水切れで枯れることがあるので、北アメリカ原産種を除き、明るい日陰に移動させます。半日は日が当たるか、木もれ日が当たるような場所が理想です。遮光する方法もあります（69ページ参照）。ただし一日中、日陰にすると、翌年の花芽がつかなくなります。

💧 水やり：水切れに要注意

鉢土の表面が乾いたらたっぷりと水を与えます。梅雨の間も鉢土の乾き具合をよくチェックします。梅雨明け後は高温乾燥が続くので、水切れには注意します。夏の水やりは朝か夕方に行うのが基本ですが、葉が少しでもしおれてきたら、日中でも水を与えましょう。乾燥が続く場合は1日2回の水やりになります。

🌱 肥料：花後の株のみ施す

基本的に施しません。花が終わった株のみ追肥します（83ページ参照）。

庭植えの場合

💧 水やり：必要ない

基本的に必要ありませんが、極端に乾燥したときは水を与えます。

🌱 肥料：花後の株のみ施す

基本的に施しません。ガクアジサイなど、この時期に花が終わった株のみ追肥します（83ページ参照）。

病害虫の防除

コウモリガの幼虫

被害が見つかったら、枝を切り取ります（57ページ参照）。

ハダニ

梅雨が明けて乾燥するとよく発生します。早めに殺ダニ剤で防除します。

うどんこ病、炭そ病

発生前に殺菌剤などで防除します。

直射日光に当たると葉がしおれ始める。

August
8月

今月の主な作業

- 基本 剪定
- 基本 植え替え
- トライ とり木

基本 基本の作業
トライ 中級・上級者向けの作業

8月のアジサイ

　高温と乾燥が続き、1年でアジサイが最も苦手とする季節です。水切れさせないように気を配ります。鉢植えに毎日1～2回の水やりを行うのはもちろんですが、ふだんは水やりをしなくても元気な庭植えの株もこの時期は葉がぐったりとしてきます。株の様子を見て、水やりを行うとよいでしょう。アジサイの仲間では最後にタマアジサイが最盛期を迎えます。神奈川県の箱根地方では山間部に群生していて見事な花を咲かせます。

ガクアジサイ'ロートケルヒュン'
H. macrophylla var. *normalis* 'Rotkehlchen'
ガク咲き。装飾花は花弁に丸みがある。濃い赤花の代表的品種。スイスで作出された。

主な作業

基本 剪定
まだならすぐに行う

　ガクアジサイ（アジサイ）は必ず8月上旬までに終えます。開花の早いヤマアジサイ、ガクウツギ、コガクウツギなどは7月以降に剪定を行うと、来年の花は期待できなくなります。ほかの種類も剪定が遅れると花芽がつかないおそれがあるので急いで行います（63ページ参照）。

　なお、遅くなった場合も花がらを切る目的で剪定しておきます。切った枝から伸びた側枝は十分に充実できないため、来年の花芽はつきませんが、今年花の咲かなかった枝を切らずに残しておけば、花芽がついて翌年も花が楽しめます。

基本 植え替え
花後になるべく早く

　花が終わったものから早めに植え替えます（59ページ参照）。庭への植えつけは高温期には行いません。

トライ とり木
早めに行う

　54ページを参照して行います。

今月の管理

- ☀ 明るい日陰に置く
- 💧 鉢植えは水切れに要注意。庭植えは乾燥が続いたら
- 🌱 花後の株のみ施す
- 🐛 ハダニ、コウモリガの幼虫、うどんこ病、炭そ病などが発生

管理

鉢植えの場合

☀ 置き場：明るい日陰に置く

明るい日陰に置いて管理します。強い日光が当たると葉焼けを起こします。また、逆に日陰では来年の花芽がつくられなくなります。図のように、よしずや寒冷紗などで遮光すれば、明るい日陰をつくることができます。なお、カシワバアジサイは日光を好むので、日のよく当たる場所に置きます。

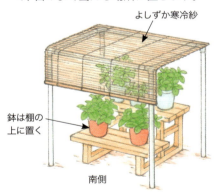

よしずか寒冷紗

鉢は棚の上に置く

南側

💧 水やり：水切れに要注意

鉢土の表面が乾いたらたっぷりと水を与えます。お盆ごろまで高温乾燥が続くので、水切れに注意します。夏は朝夕に2回が基本ですが、葉が少しでもしおれてきたら、日中でも水を与えます。

🌱 肥料：花後の株のみ施す

基本的に施しません。花が終わった株のみ追肥します（83ページ参照）。

庭植えの場合

💧 水やり：乾燥が続いたら

高温で乾燥が続くようであれば、水やりを行います。

🌱 肥料：花後の株のみ施す

基本的に施しません。花が終わった株のみ追肥します（83ページ参照）。

病害虫の防除

ハダニ

7月に引き続き、よく発生します。殺ダニ剤はダニが潜んでいる葉裏にしっかりと散布するのがコツです。

コウモリガの幼虫

木くずがついていたら、コウモリガの幼虫の被害が疑われます。幼虫が食入している細い枝を切り取ります（57ページ参照）。

うどんこ病、炭そ病

発生前に殺菌剤で予防します。

September
9月

今月の主な作業

- 基本 剪定
- 基本 植えつけ、植え替え
- トライ さし木
- トライ とり木

基本 基本の作業
トライ 中級・上級者向けの作業

9月のアジサイ

8月からタマアジサイ、ノリウツギの品種の開花が続いています。気温が下がってくると、水切れで葉がしおれることも少なくなってきます。10月には来年に咲く花芽の分化が枝の内部で起こります。9月はその前に枝の充実を図る大切な時期です。中旬からはよく日に当て、鉢植えは追肥を施します。台風がよく発生する時期ですが、強風で葉が傷むと光合成が行えなくなり、花芽分化にも影響します。台風が来る前には鉢を風の当たらない軒下や室内に取り込みましょう。

アジサイ'ディープブルー・マナスル'
H. macrophylla var. *macrophylla* 'Deep Blue Manaslu'
数少ない手まり咲きの濃い青色。

主な作業

基本 剪定
開花の遅い種類は適期

開花の遅いタマアジサイやノリウツギの開花株をこの時期に入手できるのは専門店に限られますが、花を楽しんだら、すぐに剪定を行います。

基本 植えつけ、植え替え
庭への植えつけも可能

落葉前ですが、鉢植えの植え替えが行えます（59ページ参照）。庭への植えつけや移植も9月下旬～10月上旬なら、根を切っても冬までに根が伸びるので冬越し中にあまり傷みません（50ページ参照）。

トライ さし木
作業後の置き場に気をつける

あまり知られていませんが、9月中旬～下旬は発根がよく、さし木の適期です（62ページ参照）。作業後は鉢を10月までは軒下などに置き、11月は無加温の窓辺などに移して管理します。戸外では傷んでしまいます。

トライ とり木
早めに行う

作業が行えるのは今月までです。54ページを参照して行います。

今月の管理

- ☀ 中旬以降は日のよく当たる場所
- 💧 鉢植えは水切れに要注意。庭植えは不要
- 🌱 鉢植えは液体肥料を10日に1回。庭植えは花後の株のみ施す
- 🐛 ハダニ、コウモリガの幼虫、うどんこ病、炭そ病などが発生

管理

🪴 鉢植えの場合

☀ 置き場：中旬以降は日のよく当たる場所

9月上旬はまだ日ざしが強いので、8月と同じ明るい日陰に置き、中旬からは日のよく当たる場所に移動させます。夏の間に遮光をしていた場合はそのままでかまいませんが、少しずつ直射日光が当たる時間を長くし、下旬には遮光資材を外して十分に日光が当たるようにします。なお、カシワバアジサイは、8月から引き続き、日のよく当たる場所で管理します。

💧 水やり：水切れに要注意

9月中旬ごろまではまだ暑いので、1日1回の水やりを行い、水切れによる乾燥に注意します。また、中旬以降は日がよく当たる場所に置き場を変えますが、そうなると乾燥しやすくなるので、鉢土の乾き具合をよく観察します。

🌱 肥料：液体肥料を10日に1回

枝の充実を図るため、液体肥料を10日に1回のペースで施します。

🏡 庭植えの場合

💧 水やり：必要ない

基本的には行いませんが、9月上旬までは庭植えでも土が乾燥することがあります。水やりのしすぎは禁物ですが、非常に乾いた場合は水を与えます。

🌱 肥料：花後の株のみ施す

基本的に施しません。花が終わった株のみ追肥します（83ページ参照）。

🪴🏡 病害虫の防除

ハダニ

8月に引き続き、発生します。気づいたら、殺ダニ剤などで防除します。

コウモリガの幼虫

被害にあうと枝が枯死するなど、ダメージが大きいので、枝に木くずがついているのを発見したら、細い枝ごと取り除きます（57ページ参照）。

うどんこ病、炭そ病

気温の低下とともに、うどんこ病、炭そ病ともに発生しやすくなります。うどんこ病は予防が肝心で、この時期に殺菌剤を散布してもほとんど効果はありません。病気が発生した葉は落ちるのを待って拾い集め、焼却します。

ツルアジサイ、イワガラミを育てよう

ツルアジサイ。樹木に気根でくっつきながら高くまでよじ登り、白いガク型の花を咲かせる。

ツルアジサイは林などの薄暗いところで育つイメージがあるが、日光がよく当たる場所のほうがよく開花する。

ツルアジサイは日本のアジサイの一種

　ツルアジサイ（*H. petiolaris*）は、北海道～屋久島の山地に自生するアジサイの一種です。そのほか、サハリン、韓国の済州島、中国などにも分布しています。

　つるが長く伸びて、気根を出して木や石にくっついてよじ登ります。日本の山地の樹林では10m以上の高さまで伸びているものを見かけることがあります。花は白いガク型で装飾花の花弁（萼片）は4枚です。

　欧米では壁面緑化として、住まいの周囲によく利用されており、日本でも今後、栽培が広がる可能性を秘めています。

育てやすいイワガラミ

　分類上ではイワガラミ（*Schizophragma hydrangeoides*）は属（イワガラミ属）が違うもののアジサイ科の仲間です。北海道、本州、四国、九州に分布しています。

　イワガラミもツルアジサイと同様につる性で気根で樹木や岩にくっついてよじ登り、長さ5～10mになります。花も一見似ていますが、装飾花の花弁はツルアジサイが4枚なのに対してイワガラミは1枚です。

　ツルアジサイよりも乾燥に強くて栽

培は容易で、欧米でもよく栽培されています。花色がピンクのものや斑入り葉、ブルー葉、黄金葉などもあり、壁面緑化や緑のカーテンとして利用すると楽しめます。

育て方

　ツルアジサイもイワガラミもつるがある程度太くなって初めて開花し、小さい苗（つるが細い苗）では花が咲きません。また、自然状態ではかなりつるが長くなるのが普通です。そこで、まず庭植えでフェンスなどに沿わせながら、つるが太くなるまで育てます。目的の高さになったら、つるの先端（芯）を切って止めると、側枝がたくさん出て、その枝先に花をつけます。

　流通する苗はさし木苗がほとんどで、鉢で育ててもなかなか太くなりません。鉢で楽しむ場合も、まず庭植えで大きくしてから鉢上げしたほうが早く開花するようになります。ツルアジサイは乾燥には弱いので、乾かしすぎには注意します。

イワガラミも林の樹木に着生しながら這い上がり、花を咲かせる。

イワガラミの花。花弁が1枚なのが特徴。

イワガラミ'ムーンライト'。葉がブルー系。

October
10月

今月の主な作業

基本 植えつけ、植え替え

基本 基本の作業
トライ 中級・上級者向けの作業

10月のアジサイ

枝葉が伸びて、生き生きとした株ができ上がっています。来年に開花する花芽が枝の先端の内部でつくられる時期です。最低気温が徐々に下がり、15℃を切るとアジサイは成長が止まり、花芽分化に至ります。この時期は、株に日をよく当てて、水切れを起こさないように管理をしながら、株の状態を見守りましょう。6月以降の花後の管理で、今までにどれだけ枝を充実させることができたかで、花芽のでき方が変わります。

ヤマアジサイ'七変化'
H. serrata 'Shichihenge'
ガク咲き。樹形も花も小型。濃い青色。

主な作業

基本 **植えつけ、植え替え**
上旬までは行える

　鉢植えの植え替え、庭への植えつけと移植は落葉期が適期です。今年購入した株などでまだ植えつけ、植え替えしてない場合は、10月上旬までに行けば、新しい根が出て活着しやすくなります（50ページ参照）。特に寒冷地では中旬以降は根が伸びないので、来春に作業を行います。

Column

シーボルトのアジサイ

　アジサイの学名は古くは *Hydrangea otaksa*。種小名の *otaksa* はドイツ人医師のシーボルトの妻だった楠本滝の愛称「お滝さん」からとられたものといわれます。シーボルトは江戸時代の1823～29年（文政年間）にオランダ商館の医師として日本に滞在。帰国後、刊行した『日本博物誌』に14種類のアジサイを記載しています。標準和名はアジサイですが、ほかと区別してホンアジサイと呼ぶこともあります（6、16ページ参照）。

今月の管理

- ☀ 日のよく当たる場所
- 💧 鉢植えは乾いたらたっぷりと。庭植えは不要
- ⚫ 施さない
- 🐛 ハダニ、コウモリガの幼虫、うどんこ病などが発生

管理

🪴 鉢植えの場合

☀ 置き場：日のよく当たる場所

日光のよく当たる場所に置いて管理します。10月になるともう葉焼けの心配はありません。日光に当てれば当てるほど、光合成が行えて枝が充実し、花芽がよくできます。

💧 水やり：乾いたらたっぷりと

鉢土の表面が乾いたら十分に与えます。種類によっては、寒さで落葉し始めるものもあります。葉の量が減るとそれだけ水分の蒸散量が減るため、鉢土は乾きにくくなります。

⚫ 肥料：施さない

9月に液体肥料を施していたため、うっかり継続して肥料を施しがちです。この時期に肥料を施すと冬の休眠期に入るまでに枝が伸びてしまいます。新しく伸び出した枝は徐々に気温が下がるために充実せず、堅く締まりません。そのまま冬になると寒さで傷みやすく、特に厳寒期には割れてしまうこともあります。10月になったら肥料は施しません。

🏠 庭植えの場合

- 💧 水やり：必要ない
- ⚫ 肥料：施さない

🪴🏠 病害虫の防除

ハダニ

まだ発生が見られます。気づいたら、殺ダニ剤などで防除します。

コウモリガの幼虫

コウモリガの幼虫は気温が下がると活動が鈍り、やがて冬眠しますが、この時期はまだ活動が続きます。枝に木くずがついていたら、幼虫が潜んでいるので、細い枝ごと切って取り除きます（57ページ参照）。

うどんこ病

発生が見られた株は、落葉後になるべく早く葉を集めて処分します。菌の付着した落ち葉を始末することで、翌年の発生を防ぐことができます。うどんこ病は殺菌剤の散布だけでは防除できません。

November
11月

今月の主な作業
- 基本 剪定
- 基本 植えつけ、植え替え、株分け
- 基本 防寒

基本 基本の作業
トライ 中級・上級者向けの作業

11月のアジサイ

　11月下旬になると初霜が降りる地域が多くなり、本格的な冬が到来します。アジサイは単なる気温の低下よりも、乾燥した寒風に弱く、風が当たりやすい枝の上部から枯れていきます。一方で、枝の先端部では10月から引き続き、花芽分化がゆっくりと進行しています。特に寒冷地では、大切な花芽を枯死させないためにも、早めに寒風よけを施しておきましょう。北アメリカ原産の'アナベル'は寒さに強く、新しく伸びた枝の中から蕾が出てくるので、枝先が枯れても問題ありません。

ヤマアジサイ'桃色サワ'
H. serrata 'Momoirosawa'
サワはサワアジサイのことで、ヤマアジサイの別名。ガク咲き。小型の花はピンク色で、日当たりや土壌酸度に左右されない優れた品種。樹形はやさしい雰囲気。半枝垂れ性。

主な作業

基本 剪定
混み合った株元を整理

　アジサイは株元から数多くの枝を出します。特に庭植えではそのままにしておくと、株の内部が混み合って風通しが悪くなり、うどんこ病などの病気が発生しやすくなります。そこで古い枝や枯れた枝、混み合った枝を株元から間引く要領で剪定を行います（79ページ参照）。落葉してから行うと作業がしやすくなります。3月中旬まで行えます。株元が混み合っていない場合は、必ずしも行う必要はありません。

基本 植えつけ、植え替え、株分け
落葉したら行える

　落葉後の11月～3月下旬までが一番の適期です（50、51、78ページ参照）。ただし、寒冷地では寒さで傷むことがあるので、3月になってから行いましょう。

基本 防寒
寒冷地では早めに行う

　来年の花芽を傷めないために、寒冷地では庭植えのアジサイに寒風よけを行います。株全体に寒冷紗をかけたり、

今月の管理

- ☀ 日のよく当たる場所
- 💧 鉢土の表面が乾いたら。庭植えは不要
- 🌱 施さない
- 🐛 落ち葉の片づけ

こもで覆ったりします。ビニールをかけると、日光が当たって中が高温になり、蒸れるので用いません。寒風よけは、暖かい地方や大きな木の下や塀際などに植えてある場合は行う必要はありませんが、寒冷地で乾燥した寒風が吹きやすい場所などでは早めに済ませておくとよいでしょう。

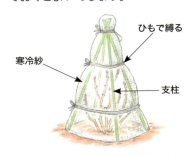

庭植えの株のまわりに樹高よりも高い支柱を3〜4本立てて、その周囲に寒冷紗を巻き、固定する。

冬の置き場
軒下など寒風が避けられる場所に置く。

管理

🪴 鉢植えの場合

☀ 置き場：日のよく当たる場所

10月に引き続き、よく日の当たる場所に置きます。落葉後は寒風を避けられる軒下や建物のわき、塀際などに移します。寒冷地では無加温の室内に取り込んでもかまいません。

💧 水やり：鉢土の表面が乾いたら

鉢土の表面が乾いたらたっぷりと水を与えます。休眠期に入ると鉢土の乾きは遅くなりますが、乾燥したまま放置すると枯れてしまいます。日ごろから鉢土の乾き具合を確かめます。

🌱 肥料：施さない

🌿 庭植えの場合

- 💧 水やり：必要ない
- 🌱 肥料：施さない

🪴🌿 病害虫の防除

落ち葉の片づけ

うどんこ病など、病気の発生した株の落ち葉を集め、処分します。来年の予防のために重要な作業です。

基本 鉢植えの植え替え

適期＝11～3月（寒冷地では3月のみ）

用意するもの
① 植え替える株（ここでは2年間植え替えていないヤマアジサイ）
② 用土（83ページ参照）
③ 一回りから二回り大きい鉢

1 根鉢をくずす
株を鉢から抜いて、ピンセットなどで根鉢をくずす。細根は切れてもかまわない。

2 古い用土を3割取り除く
主に根鉢の下側を中心に古くなった用土を整理。根鉢の3割程度を落とした。

3 鉢に入れて用土を加える
新しい鉢に用土を少し入れ、根鉢を置く。根鉢の上面が鉢縁より3cmほど低くなるように調整。鉢と根鉢のすき間に用土を入れる。

4 根と用土を密着させる
用土を割りばしなどでつついて、根と用土をよく密着させる。

5 水を与える
植え終わったら、ジョウロで水をたっぷりと与える。

作業後の管理
日の当たる場所か明るい日陰で管理。寒冷地では寒風を避けられる軒下や建物のわき、塀際、無加温の室内など。鉢土の表面が乾いたら水をたっぷりと与える。

基本 休眠期の剪定　適期＝11月〜3月中旬

作業の前に

　主に庭植えの株元に枝が多く出て、混み合った状態の株を剪定します。枯れ枝を取り除き、混み合った部分の枝を間引きます。また、枝の先端は切りません。ヤマアジサイは枯れ枝を見極めるのが難しい場合があります。3月になると生きている枝では芽が動くので、それを待って剪定すると安心です。

3 混み合う枝を間引く
株全体のバランスを見て、混み合った部分の枝を株元から切って間引く。

1 剪定が必要な株
株元から数多く枝が伸び出し、風通しが悪くなっている。

4 花がらを取り除く
残した枝の上部に花がらが枯れて残っていたら、一番上の花芽や葉芽の上で切って取り除く。

←花芽

2 枯れた枝は切る
株元まで枯れている枝は下のほうから剪定バサミで切り取る。

5 剪定終了
枝数が減り、かなりすっきりとした。成長期にも葉の重なりが少なくなり、蒸れにくくなる。

October
12月

今月の主な作業
- 基本 剪定
- 基本 植えつけ、植え替え、株分け
- 基本 防寒

基本 基本の作業
トライ 中級・上級者向けの作業

12月のアジサイ

　寒さが厳しくなるとともに、アジサイの葉はすっかり落ちて、枝だけになってしまいます。休眠期に入り、成長は止まっていますが、枝先では10月から始まった花芽分化がゆっくりと進んでいます。その年の気候にもよりますが、早ければ12月下旬に徐々に休眠から目覚め始めます。3月上旬までは冬の作業の適期です。休眠期の剪定、植え替え、植えつけ、株分けが行えます。また12月下旬からは寒肥の適期になります。

ヤマアジサイ'丸弁ベニガク'
H. serrata 'Marubenbenigaku'
古くから知られる'ベニガク'と混同されてきた。ガク咲き。花弁に鋸歯がなく、両性花は青か紅色なので容易に区別できる。日当たりでは写真のような花色になるが、日陰では白色のまま。

主な作業

基本 剪定
混み合った株元を整理

　11月に引き続き、休眠期の剪定が行えます。79ページを参考に行います。枝の先端では花芽分化が終わりかけている段階です。アジサイの花芽は枝の先端にしかつきません。すべての枝を刈り込んでしまうと、来年は花を楽しむことができなくなるので注意します。この時期の剪定は混み合った部分の枝を間引くように行うのがコツです。

基本 植えつけ、植え替え、株分け
寒冷地以外では行える

　11月に引き続き、いずれの作業も行えます。葉がすべて落ちてからであれば、作業が容易になります。寒冷地では寒さで傷むことがあるので、3月になってから行います。

基本 防寒
寒冷地では忘れずに

　寒冷地では寒風よけとして、株全体を寒冷紗か、こもで覆います。77ページを参考に早めに行います。なお、雪で覆われるような地域では、雪で防寒されるので不要です。

今月の管理

- ☀ 寒風の当たらない軒下など
- 💧 鉢土の表面が乾いたら。庭植えは不要
- 🌱 下旬から寒肥を施す
- 🐛 特にない

管理

🪴 鉢植えの場合

☀ 置き場：寒風の当たらない軒下など

11月に引き続き、寒風を避けられる軒下などに置きます。日光が当たらなくても明るい場所なら大丈夫です。

💧 水やり：鉢土の表面が乾いたら

鉢土の表面が乾いたらたっぷりと水を与えます。この時期に水やりを行うと鉢土が凍るのが心配になりますが、乾燥させないことのほうが大事です。植えつけ、植え替えを行ったあとも、すぐに水を与えるようにします。

🌱 肥料：下旬から寒肥を施す

12月下旬〜2月上旬までに寒肥を施します。有機質肥料で、2〜3年生の株は油かすなどチッ素肥料のみ、4年生以上の株は油かす7、骨粉3の混合肥料などを施します。鉢植えは5号鉢で10g、6号鉢で20gが目安です。鉢植えは鉢の容積が小さく、一度に大量に施せないので、少しずつ数回に分けて施します（83ページ参照）。ただし、秋以降に植え替えたものには施しません。

🏠 庭植えの場合

💧 水やり：必要ない

🌱 肥料：下旬から寒肥を施す

12月下旬〜2月上旬までに寒肥を施します。鉢植えの場合と同じ肥料を用います。庭植えは成株で100gが目安です。なお、秋以降に植えつけたものには施しません。

🪴🏠 病害虫の防除

特にありません。

寒肥の施し方

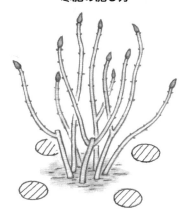

庭植えは株の周囲3〜4か所に浅く穴を掘って、有機質肥料を施す。

アジサイ栽培の基本

株の上手な選び方

できるだけ開花株を見て選ぶ

　好みの種類のアジサイを探してみましょう。店頭で開花株を見て選ぶには3〜5月に園芸店に足を運ぶことをおすすめします。

　アジサイの鉢植えや苗木は3月ごろから並びます。特に鉢花は母の日の前後の4月下旬〜5月中旬に出荷が集中し、アジサイ本来の開花時期の6〜7月には、店頭からほとんど姿を消してしまいます。

　アジサイを扱う庭木・花木の専門店なら、1年を通していつでも入手が可能です。専門店は珍しい種類を扱っているだけでなく、知識や栽培の経験も豊富で、相談しながら自分に合った種類を選ぶことができます。

　なお、購入時にはできるだけ品種がはっきりしたもの（品種名のラベルがついた株）を選ぶことが大切です。以下に種類ごとの入手のヒントや注意点をまとめました。

アジサイ

　出回るのは多くは開花株で、苗木はほとんど流通しませんが、花を確認して選べるのはメリットです。株は花が咲いたばかりのものを選びましょう。ガク型は両性花がまだ蕾か、開花していても蕾が残っているものがよいでしょう。手まり型は花形がしっかりと締まったものを選びます。また、茎が堅めで葉がしおれていないもの、生き生きした緑色の葉をしているもの（カラーリーフ以外）を選びます。

ヤマアジサイ

　一般の園芸店では開花株、苗木ともにあまり多くは出回りません。専門店などで花を確認しての入手が一番でしょう。

　ヤマアジサイの栽培はアジサイよりもやや難しく、水やりなどの栽培管理が変わると枯れる場合があります。特に購入直後はよく観察して、株の様子がおかしいと思ったら即座に植え替えます。また、苗木はあまり小さいと枯れやすいので、なるべく大きい株を選ぶのもコツです。

そのほかのアジサイ

　外国種のアジサイは、花の美しさや珍しさだけに目を奪われずに、枝ぶりや枝の太さなど、木の状態や葉色をよく観察して、元気のよいものを選びましょう。人気の種類は園芸店でも見かけることがふえてきましたが、品ぞろえはやはり専門店が豊富です。

アジサイ栽培の基本

用土、肥料、鉢の選び方

▶ 用土…水はけのよいものを

水はけのよい用土を選びます。赤玉土小粒をベースに数種類の用土を配合するとよいでしょう。日ごろから使い慣れた用土が水はけのよいものなら、それでかまいません。

> **配合例**
> - 赤玉土小粒7、腐葉土3
> - 赤玉土小粒4、庭土3、腐葉土3
> - 赤玉土小粒6、鹿沼土または山砂4
> - 市販の庭木・花木用培養土5、赤玉土小粒5

▶ 肥料…適期に適量を施す

寒肥 休眠期に施して春からの生育に備えます。適期は12月下旬～2月上旬。発酵油かすの固形肥料や油かす7、骨粉3の混合肥料などの有機質肥料を施します。庭植えは多めに施せるので1回、鉢植えは鉢の容積が限られているので少なめに2～3回に分けてひと月ごとに施します。

> **施肥量の目安**
> 庭植え（5年生の株＝さし木の苗木を植えて5年目）　100g
> 鉢植え　5号鉢　5gずつ2～3回
> 鉢植え　6号鉢　10gずつ2～3回

追肥（お礼肥） 花が終わって、1～1.5か月の間に施します。発酵油かすの固形肥料のほか、緩効性化成肥料（N-P-K＝10-10-10など）でもかまいません。少なめに1～2回施します（月1回）。

> **施肥量の目安**
> 庭植え（5年生の株＝さし木の苗木を植えて5年目）　50g
> 鉢植え　5号鉢　5gずつ1～2回
> 鉢植え　6号鉢　10gずつ1～2回

花色に合わせた肥料も発売されている。左・青花系、右・紅（赤）花系の品種の専用肥料。

▶ 鉢…駄温鉢が最適

駄温鉢は空気が通るため、根が傷みにくく、栽培には最適です。素焼き鉢は空気の通りがよすぎて、乾きすぎる場合があります。水分を好むアジサイにはあまりおすすめできません。

駄温鉢。適度に空気を通し、株が健全に育つ。

More Info

 # 入手したら花後に植え替えよう

母の日にプレゼントされたら

　母の日のプレゼントとしてアジサイを贈ることが当たり前になっています。カーネーションに代わって、鉢花のアジサイは長く花を楽しむことができ、また花形や花色が豊富なこともプレゼントとしての人気が高い理由の一つでしょう。

　その一方で、豪華な花を存分に楽しんだものの、そのあとはだんだん株の勢いがなくなり、生育が悪くなってしまったといった悩みを耳にすることが多くなってきました。

　販売されているアジサイは母の日の前に出荷するために本来の開花時期の6月よりもかなり早く咲くように、温室などの特殊な環境で栽培されています。そのため、改めて自宅の環境に合わせて、普通の生育サイクルで栽培をスタートさせる必要があります。

花後にすぐ植え替える

　今年入手したアジサイは、花を楽しんだらすぐに植え替えます（59ページ参照）。同じ時期にヤマアジサイの開花株が売られていることがありますが、ヤマアジサイの場合は入手したらすぐに植え替えると安全です。

　鉢植えのアジサイは根の回りが早く、そのままではすぐに根詰まりを起こし、水切れも早くなるため、夏に向

鉢植えのアジサイの生育サイクル

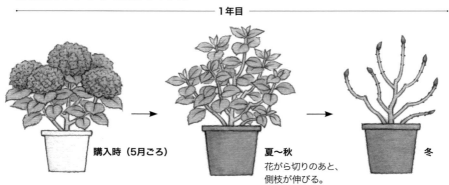

1年目

購入時（5月ごろ） → 夏〜秋 花がら切りのあと、側枝が伸びる。 → 冬

アジサイ栽培の基本

かって水やりが大変になります。そこで同じ大きさの鉢に植え替える「鉢替え」ではなく、必ず一回り大きな鉢に植え替え（鉢増し）ましょう。

生産者によって植え込み用土は千差万別で、植え替えることで自分が使い慣れた用土に替えるという意味もあります。なお、植え替えと同時に花のついていた枝の剪定も行います（58ページ参照）。

アジサイやヤマアジサイでも、自家生産している専門店の株や2年以上自分で育てている株ならば、必ずしもこの時期に植え替える必要はありません。花後の剪定のみにとどめます（63ページ参照）。

アジサイと矮化剤

鉢花のアジサイならではの注意点もあります。市販のものは鉢に合わせて樹高を低く抑え、同時に花をたくさんつける目的で「矮化剤」というホルモン剤が使われている場合がほとんどです。

購入苗は出荷されるときが、最も見栄えがよく、最高の状態につくられています。矮化剤の効果がなくなってくると、株は大きく成長しようとしますが、狭い鉢のままではうまく育つことができません。植え替えずにそのままにしておくと、次第に生育が悪くなってしまいます。

最近ではヤマアジサイなども同様に4～5月に開花株が多く販売されるようになっています。ヤマアジサイは矮化剤を使うと花が大きくなって、別の品種に見えるほどですが、アジサイよりも弱く、ほうっておくと枯れてしまうことさえあります。早めの植え替えが肝心です。

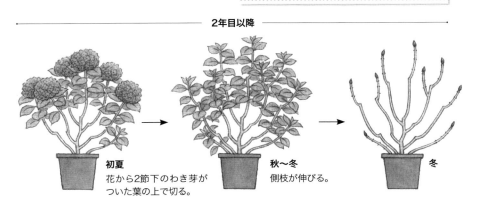

2年目以降

初夏 花から2節下のわき芽がついた葉の上で切る。

秋～冬 側枝が伸びる。

冬

*園芸店などで売られている株は2年目に生育が悪くなることがある。そのまま栽培を続けると3年目には回復し、花をつけ始める。

剪定のポイント

花後の剪定が中心

剪定というと、ほかの庭木と同様に休眠したあとの冬の作業と考えがちです。アジサイの花がつくのは枝の先端で、その内部で花芽がつくられるのは10〜12月にかけて。冬に枝の先端を剪定すると、大切な花芽を切り落とすことになり、花が見られなくなってしまいます。

来年も花を咲かせるためには、花後なるべく早めに剪定を行うことです。花が終わったらすぐに花から2節下の葉の上で切ります。その後、残した葉のつけ根と枝の間にある芽が伸びて新しい枝となり、十分に充実すると花芽がつくられます。つまり、花後の剪定が遅れると新しい枝が充実する時間がなくなり、10月からの花芽形成に間に合わなくなります。

装飾花が裏返ったら剪定

最初のうち戸惑うのは、アジサイの花がなかなか枯れないため、花が終わった時期を判断しにくいことです。まだ花がついているからと思っていると剪定が遅れてしまいます。58ページでも触れたとおり、装飾花が裏返ったら、花が終わったサイン。できるだけ早く剪定を行います。

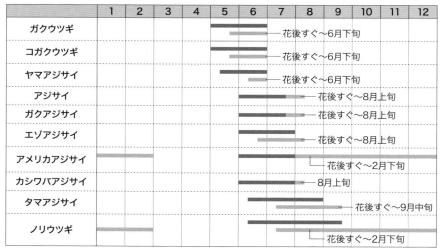

種類ごとの開花期と花後の剪定の目安

アジサイ栽培の基本

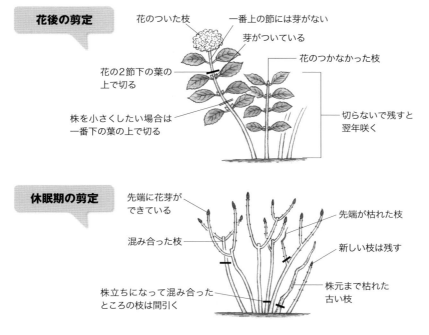

今年咲かなかった枝は切らない

もう一つ、花後の剪定で大切なポイントは、花が咲かなかった枝は切らないことです。こうした枝はこの時期、すでに葉を多くつけて、しっかりと成長しています。切らないでおくと、さらに枝が充実し、今年花が咲いた枝よりも確実に花芽がつくられ、来年の花が咲きます。花後の剪定は花が咲いた枝にのみ行いましょう。

冬の剪定は不要な枝を取り除く

一方、冬の剪定は枯れた枝や混み合った部分の枝を間引く作業をメインに行います。この作業はいつでも行えますが、冬の落葉期は株の姿がわかりやすい利点があります。

特に庭植えを何年も育てていると、株元からたくさん枝が伸びてきます。古い枝は株元まで枯れるので、剪定バサミなどで切り取ります。また、枝が多く伸びて株立ちした状態になると、生育期には互いの葉が重なって日当たりが悪くなります。混み合った部分の枝は株元から切って取り除きます。30本程度枝が伸びている場合は10本程度間引いてもかまいません。

このとき古い枝を間引き、新しく地際から伸びた枝を残していくことで、株全体として枝の更新を図ることができます。

Trouble rescue

よくある疑問に答える Q&A

花が咲かない、花色が悪い、株が大きくなりすぎたなど、
アジサイの栽培で出くわすトラブルや悩みを解決します。

Q　花が咲きません。どうしてでしょうか?

A　よくある失敗は以下の4つ。どれに当てはまるか、考えてみましょう。

【原因1】 剪定の遅れ

　アジサイの剪定は花後が基本です。ガクアジサイやアジサイは8月上旬まで、ヤマアジサイ(エゾアジサイを除く)は6月いっぱいまでに行います(86ページ参照)。花芽分化が始まるのは10月からですが、剪定が遅れると枝が十分に充実せず、花芽がつくられないまま、翌年を迎えてしまいます。

　庭木の剪定は冬というイメージがありますが、アジサイは花後に剪定をきちんと行えば、冬の剪定は行わなくてもかまいません。万が一、剪定が遅れてしまった場合は、花がついた枝は翌年の開花をあきらめて剪定し、花がつかなかった枝は翌年開花する可能性が高いので、剪定せずに残します。

　なお、冬にすべての枝の先端を切り詰める剪定を行うと花芽がなくなって、花は見られません。

【原因2】 入手して2年目の株

　母の日にもらったり、買ったりした株をそのまま育てていると、翌年に花が咲かないことがよくあります。生産者が育てていた栽培環境と入手後の栽培環境が大きく異なることもありますが、生産者が矮化剤を使用して、株の姿を整えている場合も多く、株の成長サイクルが乱れ、入手後2年目には花がつかない一因になっています。

　大切なのは、入手して花を楽しんだら、新しい用土を使って植え替え、なるべく早く自宅の栽培環境に慣らしておくことです。通常の栽培管理を行えば、3年目からは花が見られるようになります。

　また、苗木を庭に植えつけた場合、まだ十分に株が成長せず、翌年は花が咲かないことがあります。この場合も3年目には開花します。

【原因3】 乾燥した寒風に当たった

　アジサイは12月になると葉を落と

し、枝だけで冬を過ごします。花芽がつくのは枝の先端。最も寒風にさらされやすい部分だといえます。特に乾燥した寒風には弱く、花芽が傷んで、花が咲かなくなってしまいます。

　鉢植えであれば、風が当たらない軒下や暖房をしていない室内などに移動させます。庭植えは冬に風の通り道になるような場所は避けて植えつけます。77ページのように防寒（防風）を行うのも一つの方法です。

【原因4】日陰で育てている

　アジサイは日陰でもよく育つと思っている方が多いようですが、日陰では光合成が十分に行えず、枝が充実しないため、花がつかなくなります。特にガクアジサイの自生地は海岸近くの山の斜面などが多く、本来、日当たりでよく育つ性質をもっています。

　鉢植えは真夏に半日陰に置く以外は、3月中旬〜11月中旬まで、基本的に日のよく当たる場所で栽培します。庭植えは春から秋までの日当たりをよく考えて、植えつけ場所を選びます。

夏に葉がしおれて、枯れ始めました。

葉のしおれは危険信号。すぐに水やりを。

　夏に水やりを怠っていると、葉がぐったりとしおれ、ひどくなると葉焼けを起こして枯れてしまうこともあります。葉が失われると光合成を十分に行えず、株全体の勢いが衰えてしまいます。

　土の表面が乾いたら水をたっぷりと与えるのが原則です。特に鉢植えの場合、真夏で乾燥が続く時期は1日に2回の水やりが必要になる日もあります。水やりは朝と夕方で、気温の上がる昼には水を与えないという方がいますが、これは失敗のもとです。葉がしおれるのは危険信号。放置していると葉が枯れることもあるので、気づいたら、急いで水やりをしましょう。

　案外多いのは、梅雨の時期や通り雨が多い時期の水やりの失敗です。特に鉢植えの場合、雨が降ったからと安心していると、葉に雨水が当たって鉢の外に落ち、鉢土は乾いたまま。急に晴れて、太陽が照りつけ、一気に葉がしおれてしまうということもあります。定期的に鉢土の乾き具合をチェックして、水やりを行いましょう。2年に1回は植え替えをしておくと、根詰まりを起こしにくいので、鉢が乾きすぎることが少なくなります。

　なお、葉がしおれないようにと、土が乾かないうちから、頻繁に水やりを行っていると、株が常に水を欲しがるようになり、わずかな時間の土の乾燥で葉がしおれやすくなります。栽培環境に合った水やりのタイミングを身につけることが大切です。

Q ' クレナイ' が赤くならないのはなぜ？

A 半日以上は日の当たる場所で育てましょう。

ヤマアジサイの'クレナイ'や'ベニガク'のように赤い花の品種は、日陰では白いままで終わってしまうことがあります。日光が当たる場所ほど赤く発色します。庭植えの場合は、春から秋の太陽の角度を考えて、少なくとも半日以上は日光が当たる場所を選んで植えつけましょう。鉢植えの場合も同様の場所を選んで鉢を置きます。

Q 庭の青い花のアジサイを紅色にすることはできる？

A 土壌をアルカリ性に調整します。

アジサイは一般的にアルカリ性の土壌で育つと花が紅色に色づきます。日本の土壌は基本的には弱酸性なので、そのままでは紅色にはなりません。10ページを参考に、萌芽前と開花期前の5月ごろに苦土石灰を1株当たり一握りずつ施します。市販の紅（赤）花用肥料（83ページ参照）も利用するとよいでしょう。ただし、花色は品種やほかの条件にも左右されるため、この方法を行えば必ず赤くなるわけではありません。

Q 庭のアジサイの花色が青からピンク色に変わってしまいました。元のきれいな青色に戻す方法は？

A 酸度無調整のピートモスをすき込みます。

アジサイの休眠期に株の周囲に酸度無調整のピートモスをすき込みます。同時に寒肥として青花用肥料（83ページ参照）か硫酸カリ、硫安などの酸性肥料を1株当たり一握りずつ施します。

Q 同じ場所なのに、いろいろな色の花が咲いているのはなぜ？

A よく起こることです。

土壌酸度によって花色が変わりますが、同じ場所で青やピンク色など色の異なる花が咲くことがあります。同じ場所といっても土壌の状態は微妙に異なり、酸度も均等ではありません。そのため、このようなことが普通によく起こります。1本の株でも少しずつ異なる色の花が咲くこともあります。また、株の状態により花色は変化するだけでなく、もともとアジサイは咲き始めと咲き終わりでは花色が変化するものです。

よくある疑問に答える **Q&A**

Q 大きくなったアジサイを小さくする剪定の方法を教えてください。

A 翌年の花をあきらめて、すべての枝を短く切る方法があります。

　小さくするには下図のように葉のない節の部分で切り取ります。葉がなくてもよく探すと節が見つかります。この節の上で切れば、節から新しい芽が必ず出てきます。

　この剪定方法では、必ずすべての枝を短く切り取ります。一部の枝だけ短くすると切らなかった枝の勢いが強くなりすぎて、切った枝の芽が出ないまま枯れてしまうことがあるからです。

　ただし、すべての枝を切ると翌年には花が咲きません。開花はその翌年、つまり3年目になります。

　毎年、花を見たいなら、花が終わりしだい、87ページのように一番下の葉の上で剪定する方法があります。ただし、これではあまり小さくできません。

Q 植えつけから5年たったカシワバアジサイが大株になり困っています。

A 花後に枝の一番下の葉のすぐ上で剪定しましょう。

　カシワバアジサイを小さくするには、花後すぐに枝の一番下の葉のすぐ上で切るとよいでしょう。もう一つ下で葉を残さず切ると枝枯れすることがあるので注意します。

　花芽の分化は10〜12月です。剪定が遅れるとその時期までに新梢が充実しないので、花後すぐに剪定しましょう。

大きくなりすぎたカシワバアジサイの剪定法

一番下の葉の上で切る

大きくなりすぎた株の仕立て直し

 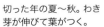 

すべての枝を枝元近くの節の上で切る。

切った年の夏〜秋。わき芽が伸びて葉がつく。

翌年には枝が長く伸びる。この年には花は咲かないが、次の年（3年目）には開花する。

Trouble rescue

Q 'アナベル'の剪定はいつ行いますか？

A 早春に剪定すれば、4月には芽が出ます。

アメリカアジサイ'アナベル'は、サルスベリやムクゲと同様、4月に芽が出て、その新梢に花芽ができます。したがって、4月の前の早春に剪定します。冬期に枝が枯れても、早春に地際で切り取れば花が咲きます。ただし、あまり細い枝では咲きません。ノリウツギも同様の性質を持っていますが、こちらはせいぜい枝の長さの半分程度を剪定するに留めます。

早春に剪定したあと、わきから芽が出てきた'アナベル'。新梢に花芽がつく。

Q 秋色アジサイはいつまで楽しめる？

A 来年の花をあきらめて秋まで楽しもう。

秋色アジサイは花色の変化を楽しむグループのアジサイをいいます。およそ3か月から半年ほどの間、移り変わる花色が楽しめます。ただし、開花から秋の終わりまで花をつけたままにしておくと、翌年は開花しない確率が高くなります。秋色アジサイの場合は、翌年は花をあきらめ、またその翌年に花を楽しむというゆったりした自然体の栽培法も合っています。

翌年も花を楽しむにはなるべく早めに花がらを切ります。この場合、秋に一回り大きな鉢に植え替え、花芽を枯死させないように冬は防寒し、寒肥を施しましょう。また、秋色アジサイをきれいに発色させるコツは、開花株を入手したら、風通しのよい涼しい日当たりで管理することです。

Q さし木をしました。鉢上げはいつ行うとよいでしょうか？

A 翌年の3月がよいでしょう。

アジサイのさし木は5～7月の緑枝ざしが一般的です。1か月程度で発根

してきますが、その段階で1本ずつ鉢に植えつける「鉢上げ」を行うとまだ樹勢が弱く、根づかない場合があります。そこで翌年3月以降に鉢上げを行います。春のお彼岸までに行うと根づきやすく、早ければその年に、遅くとも翌年（さし木して3年目）には花が咲きます（用土は83ページ参照）。

冬に休眠枝を使ってさし木をした場合も同様に翌年3月に鉢上げします。なお、庭に植えつけるのは、鉢上げして1〜2年栽培し、株が大きく育ってからのほうが安全です。

 Q 切り花にするとすぐにしおれてしまいます。上手な水あげ方法はありますか？

A 切り口を焼く方法があります。

アジサイは水あげの難しい植物です。枝の切り口から数cm上まで樹皮を削るか、切り口をハサミで十字に切って吸水面積を広げます。その切り口をライターなどで真っ黒になるまでよく焼き、すぐに水につけます。切り口を焼くことにより、導管中の水分が蒸気となって膨張し、その圧力が水分を押し上げるため、水中に入れると吸水するようになるといわれています。

 Q 北国でも育てられますか？

 A 冬は寒風よけをすれば、多くの地域で育てられます。

多くのアジサイは寒さに強く、北海道南部まで植栽できます。ただ、乾いた寒風には弱く、吹きさらしの場所では花芽のついた枝の上部が枯れてしまいます。雪の積もる地方では株全体が雪に埋まり、かえって生育がよい場合があります。

鉢植えは寒風の当たらない場所へ移動させます。室内に取り込む場合は、無加温の場所がよいでしょう。庭植えでは耐寒性のある品種を選んで植えつけ、防風・防寒のために、寒冷紗や防風ネットでしっかり覆う冬囲いを行います（77ページ参照）。植えつけや植え替え、剪定も暖かくなってきた3〜4月に行います。

ヤマアジサイの分布地は比較的暖かい関東地方以西の本州、四国や九州で、寒さにはそれほど強くないため、鉢植えで育てるほうが安全です。ただし、同じ仲間のエゾアジサイは北海道南部まで植栽できます（ヒメアジサイは寒さには強くないので注意）。また、北アメリカ原産種は、耐寒性が強いので、防寒などは不要です。

訪ねてみたいアジサイの名所

全国に点在しているアジサイの名所。その一部を紹介します。見ごろの時期に、ぜひ足を運んでみてください。

みちのくあじさい園 岩手県一関市	**見ごろ**／6月下旬〜7月下旬　**特色**／2kmの散策路の両側に500種、6万株。ヤマアジサイ、西洋アジサイなど多くの品種がある。所要時間2時間。　**入園料**／大人800円、子ども400円 **お問い合わせ**／☎0191-23-2350（一関観光協会）、開園期間中は☎0191-28-2349
四季の里　緑水苑 福島県郡山市	**見ごろ**／6月中旬〜7月中旬　**特色**／四季折々の草花が楽しめる回遊式庭園。5000株のアジサイが見られる。　**入苑料**／大人500円、小・中学生300円（5月1日〜7月20日）、大人300円、小・中学生200円（4月と7月21日〜12月20日） **お問い合わせ**／☎024-959-6764
保和苑 茨城県水戸市	**見ごろ**／6月中旬〜下旬　**特色**／日本庭園に100種、6000株のアジサイが咲く。毎年6月中旬から「水戸のあじさいまつり」が行われる。 **お問い合わせ**／水戸市役所観光課　☎029-224-1111
本土寺 千葉県松戸市	**見ごろ**／6月上旬〜中旬　**特色**／700年前に日蓮聖人によって命名された名刹。花の寺として知られ、アジサイは1万株。　**拝観料**／500円 **お問い合わせ**／☎047-341-0405（シーズンのみテレフォンサービス）
高幡不動尊 東京都日野市	**見ごろ**／6月上旬〜7月上旬　**特色**／関東三大不動の一つ。いろいろなヤマアジサイをはじめ、カシワバアジサイなど250種、7500株。6月中はあじさいまつり開催。 **お問い合わせ**／☎042-591-0032
相模原麻溝公園 神奈川県相模原市南区 **相模原北公園** 神奈川県相模原市緑区	**見ごろ**／6月上旬〜7月中旬　**特色**／相模原麻溝公園には200種、7400株、相模原北公園には200種、1万株が咲き誇る。 **お問い合わせ**／相模原市まち・みどり公社　☎042-751-6623
明月院 神奈川県鎌倉市	**見ごろ**／6月中旬〜下旬　**特色**／関東を代表するアジサイ寺。6月にはヒメアジサイ2500株が咲き乱れる。西洋アジサイ、ガクアジサイ、カシワバアジサイも見られる。境内に北条時頼の墓所と時頼廟がある。　**拝観料**／大人500円、小・中学生300円 **お問い合わせ**／☎0467-24-3437
北鎌倉古民家ミュージアム 神奈川県鎌倉市	**見ごろ**／5月下旬〜6月下旬　**特色**／「あじさいの回廊」と称した建物の周囲に100種、250株の珍しいアジサイが植えられている。小型のヤマアジサイが中心。　**入館料**／500円 **お問い合わせ**／☎0467-25-5641

箱根登山鉄道沿線 神奈川県箱根町	**見ごろ**／6月中旬～7月中旬　**特色**／箱根湯本駅から彫刻の森駅まで、車窓から眺めるアジサイは感動的。沿線沿いにアジサイが次々と現れる。 **お問い合わせ**／箱根登山鉄道 鉄道部　☎ 0465-32-6823
小室山妙法寺 山梨県南巨摩郡	**見ごろ**／6月下旬～7月上旬　**特色**／見られるアジサイは2万株。毎年6月下旬には「小室山妙法寺あじさい祭り」が開かれる　**拝観料**／300円（管理・育成費として） **お問い合わせ**／富士川町産業振興課　☎ 0556-22-7202
県民公園　太閤山ランド 富山県射水市	**見ごろ**／6月中旬～7月上旬　**特色**／70種、2万株のアジサイが見られる。毎年6月下旬の見ごろには、あじさい祭りを開催。琴演奏会やお茶会、期間中の週末にはアジサイのライトアップも実施している。　**駐車料金**／390円（普通車1日） **お問い合わせ**／☎ 0766-56-6116
大塚性海寺歴史公園・性海寺 愛知県稲沢市	**見ごろ**／6月中旬～下旬　**特色**／90種、1万株のアジサイが開花。毎年6月1日より約3週間「あじさい祭り」が開催される。あじさい茶会も開かれる。 **お問い合わせ**／☎ 0587-32-4714
三室戸寺 京都府宇治市	**見ごろ**／6月中旬～下旬　**特色**／50種、1万株のアジサイが咲く。杉木立の合間に咲く様子は、紫絵巻のようで美しい。　**拝観料**／大人500円、小人300円（平常）　大人800円、小人400円（あじさい園開園期間中） **お問い合わせ**／☎ 0774-21-2067
神戸市立森林植物園 兵庫県神戸市	**見ごろ**／6月上旬～7月上旬　**特色**／ヒメアジサイ、ヤマアジサイなど25種、5万株。幻の花といわれた '七段花' 3000株が圧巻。 **入園料**／大人300円、小・中学生150円 **お問い合わせ**／☎ 078-591-0253
月照寺 島根県松江市	**見ごろ**／6月中旬から約1か月　**特色**／「山陰のあじさい寺」として知られる。アジサイ、ガクアジサイなど3万本。　**拝観料**／大人500円、中・高校生300円、小学生250円 **お問い合わせ**／☎ 0852-21-6056
あじさいの里 愛媛県四国中央市	**見ごろ**／6月中旬～下旬　**特色**／2万株のアジサイが楽しめる名所。毎年6月中旬～下旬の時期に「新宮あじさい祭り」が開催。「あじさい見団子」などの名物もあり、多くの行楽客で賑わう。 **お問い合わせ**／☎ 0896-28-6187
見帰りの滝 佐賀県唐津市	**見ごろ**／6月中旬　**特色**／見事な滝とアジサイが楽しめる。ヒメアジサイ、ガクアジサイ、ヤマアジサイなど25種、2万株。6月はあじさいまつりを開催。　**駐車料金**／500円（普通車・軽自動車） **お問い合わせ**／唐津観光協会相知観光案内所　☎ 0955-51-8312

川原田邦彦（かわらだ・くにひこ）

1958年、茨城県生まれ。東京農業大学造園学科卒業。(社)日本植木協会会員。「趣味の園芸」講師として活躍するほか、樹木のナーセリー、造園などを幅広く手がける。カエデやアジサイ類、特にヤマアジサイは長年にわたり、幅広く収集、研究を続けている。主な著書『NHK 趣味の園芸 よくわかる栽培12か月 フジ』『NHK 趣味の園芸 よくわかる栽培12か月 カエデ、モミジ』ほか。

＊川原田さんのナーセリー
多くのアジサイの品種を扱っている
確実園園芸場
〒300-1237　茨城県牛久市田宮2-51-35
☎029-872-0051　FAX029-872-2238

＊参考文献
『日本のアジサイ図鑑』(川原田邦彦、三上常夫、若林芳樹著、柏書房)／『週刊朝日百科 植物の世界58』(朝日新聞社)／『アジサイ』(山本武臣著、ニュー・サイエンス社)／『日本のあじさい』(一関市観光協会)／『あじさい』(相模原市みどりの協会)／『週刊花百科 あじさい』(講談社)／『新日本樹木総検索誌』(杉本順一著、井上書店)

NHK 趣味の園芸
12か月栽培ナビ⑨

アジサイ

2018年4月20日　第 1 刷発行
2025年6月15日　第10刷発行

著　者　川原田邦彦
　　　　©2018 Kawarada Kunihiko
発行者　江口貴之
発行所　NHK出版
　　　　〒150-0042
　　　　東京都渋谷区宇田川町 10-3
　　　　TEL 0570-009-321（問い合わせ）
　　　　　　0570-000-321（注文）
　　　　ホームページ
　　　　https://www.nhk-book.co.jp
印刷　TOPPANクロレ
製本　TOPPANクロレ

ISBN978-4-14-040282-5　C2361
Printed in Japan
乱丁・落丁本はお取り替えいたします。
定価はカバーに表示してあります。
本書の無断複写（コピー、スキャン、デジタル化など）は、著作権法上の例外を除き、著作権侵害となります。

表紙デザイン
岡本一宣デザイン事務所

本文デザイン
山内迦津子、林 聖子、大谷 紬
（山内浩史デザイン室）

表紙撮影
田中雅也

本文撮影
伊藤善規／今井秀治／田中雅也／
津田孝二／成清徹也／西川正文／
蛭田有一／福田 稔／丸山 滋

イラスト
江口あけみ
タラジロウ（キャラクター）

校正
安藤幹江／高橋尚樹

編集協力
三好正人

企画・編集
上杉幸大（NHK出版）

取材協力・写真提供
川原田邦彦／うすだまさえ／
小林ナーセリー／辻 幸治／
長谷寺／三上常夫